电器维修"专题问诊"丛书

洗衣机维修专题问诊

张新德　张泽宁　等编著

机械工业出版社

本书共分18个部分,前8部分为洗衣机共用知识专题,后续部分为洗衣机分类故障专题。本书对每一个专题均采用"问诊"的形式进行讲述,每个问题均来自实际维修工作,每一个解答均做到精练、全面而具体,以做到用"一对一"的解答达到"一对多"的应用目的。在每一个"问诊"中尽量采用直观易学的图文解说方式进行简述,每一个专题都围绕洗衣机维修实际工作中需要的从入门到提高的知识点进行展开,指出检修理论基础,识别检修元器件,熟悉检修专用工具,讲述检修方法、检修技能和检修注意事项,再进行检修思路的剖析,并分若干个专题进行分析。特别是在检修分类故障专题中,采用直白的语言分析故障产生的原因和部位、检修思路和检修方法,帮助读者提高检修技能,并对带规律性和检修中实际遇到而本例未能涉及的故障进行提示。书末附录还给出了洗衣机通用芯片参考应用电路和按图索故障的参考图。

本书适合洗衣机维修实习学员、初学开店维修人员、上门(社区)维修人员、洗衣机专业维修技师和短期维修上岗培训师生阅读。

图书在版编目(CIP)数据

洗衣机维修专题问诊/张新德等编著 . —北京:机械工业出版社,2015.3

(电器维修"专题问诊"丛书)

ISBN 978-7-111-49197-2

Ⅰ.①洗… Ⅱ.①张… Ⅲ.①洗衣机 – 维修 Ⅳ.①TM925.330.7

中国版本图书馆 CIP 数据核字(2015)第 010546 号

机械工业出版社(北京市百万庄大街22号 邮政编码100037)
策划编辑:徐明煜 责任编辑:徐明煜 王 琪
版式设计:霍永明 责任校对:肖 琳
封面设计:陈 沛 责任印制:乔 宇
北京机工印刷厂印刷(三河市南杨庄国丰装订厂装订)
2015 年 3 月第 1 版第 1 次印刷
184mm×260mm · 12.25 印张 · 279 千字
0 001—3 000 册
标准书号:ISBN 978-7-111-49197-2
定价:39.90 元

凡购本书,如有缺页、倒页、脱页,由本社发行部调换

电话服务 网络服务
服务咨询热线:(010) 88361066 机 工 官 网:www.cmpbook.com
读者购书热线:(010) 68326294 机 工 官 博:weibo.com/cmp1952
(010) 88379203 教育服务网:www.cmpedu.com
封面无防伪标均为盗版 金 书 网:www.golden-book.com

前　言

洗衣机已成为人们生活中重要的一部分，各类安全、环保、智能型家用、商用洗衣机也日渐增多，单片机技术和数字技术在洗衣机上得到了进一步应用，给人们的生活带来极大的方便。但元器件自然老化、操作者的熟练程度、工作环境和工作强度诸多因素常引发各类故障，且需要维修者快速修好。这就要求维修者，特别是上门维修人员对每种洗衣机的各大类故障胸有成竹，应对自如。为此，我们从实用专题的角度对实际需要的知识点进行有针对性的分析和汇总，将广大读者在实际工作中遇到的难题问答化、条理化，如同医生给病人看病一样，将各种不同的病分科诊疗，有助于读者条理化、系统化地解决问题。从而，我们组织编写了《洗衣机维修专题问诊》，希望本书的出版能给广大的读者在实际工作中带来实质性的帮助。

本书具有以下特点：

1. 基础技能，专题解答；

2. 常见故障，分类会诊；

3. 循因问诊，举一反三；

4. 知识链接，要点点拨；

5. 图文穿插，通俗直观；

6. 实物图解，按图索骥；

7. 循序渐进，阶梯提高。

值得指出的是，由于生产厂家众多。各厂家资料中所给出的电路图形符号、文字符号等不尽相同，为了便于读者结合实物维修，本书未按国家标准完全统一，敬请读者谅解。

本书在编写和出版过程中，得到了出版社领导和编辑的热情支持和帮助，刘淑华、罗小娇、张利平、陈金桂、刘晔、张云坤、王光玉、王娇、刘运和、陈秋玲、刘桂华、张美兰、周志英、刘玉华、刘文初、刘爱兰、张健梅、袁文初、王灿等同志也参加了部分内容的编写工作，值此出版之际，向这些领导、编辑、本书所列洗衣机生产厂家及其技术资料编写人员和维修同仁一并表示衷心感谢！

由于编著者水平有限，书中可能存在不妥之处，敬请广大读者给予指正。

编著者

目　　录

问诊1　洗衣机基础知识专题

※Q1　如何定义洗衣机？

1）一种利用电能产生机械作用，用水作为主要清洗液体，对衣物进行洗涤从而达到清洁效果的机器称为洗衣机。

2）洗衣机主要由筒组件、控制部分、外箱体等组成，实物如图1-1所示。

（1）筒组件

筒组件是指洗衣机的内、外筒及相关部件，包括平衡环、平衡盖、外筒支架及滚动轴承等。

（2）控制部分

控制部分是洗衣机的神经中枢，主要由控制面板、电源开关、功能键、门安全开关等控制回路组成。

（3）外箱体

外箱体是指洗衣机的外壳，保护整个箱体。

图1-1　洗衣机实物

※Q2　如何看懂洗衣机铭牌？

1）洗衣机铭牌的含义如图1-2所示。

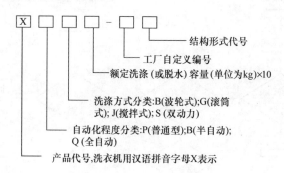

图1-2　洗衣机铭牌的含义

2）下面以海尔滚筒式洗衣机和创维波轮式洗衣机为例介绍其铭牌含义，如图1-3、图1-4所示。

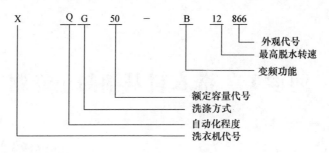

图 1-3 海尔洗衣机铭牌含义

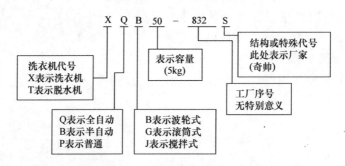

图 1-4 创维洗衣机铭牌含义

※Q3 洗衣机的工作原理是怎样的?

1) 洗衣机是模仿人手搓衣物的原理发展而来,它是在化学力和机械力的共同作用下完成衣物洗涤的,也就是利用洗涤剂中的化学分子力和污垢的结合力,再利用机械方式,使污垢从衣物上脱落下来。在洗涤过程中,机械力直接使污垢脱落,而洗涤剂是通过吸附、渗透、膨胀、乳化作用使污垢与衣物纤维结合力减弱,从而更有效地发挥机械力的作用。

2) 洗衣机工作原理如图 1-5 所示。

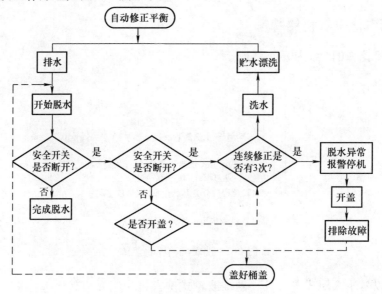

图 1-5 洗衣机工作原理

※Q4　洗衣机如何分类?

洗衣机分类结构图如图1-6所示。

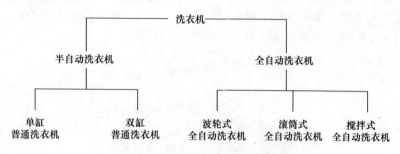

图1-6　洗衣机分类结构图

1. 按控制方式分

洗衣机按控制方式可分为普通型、半自动型、全自动型。

（1）普通型

洗涤、漂洗、脱水各功能的动作都需要用手工转换。

（2）半自动型

洗涤、漂洗、脱水各功能之间，其中任意两个功能转换不用手工操作而能自动进行。

（3）全自动型

洗涤、漂洗、脱水各功能之间的转换都不用手工操作而能自动进行。

2. 按结构形式分

洗衣机按结构形式可分为单桶、双桶、套桶。

（1）单桶

单桶洗衣机自动化程度较低，多为简易型和普通型，也有少量的为半自动型。

（2）双桶

双桶是单桶洗衣机和脱水机的组合，它的洗衣部分与甩干部分都有各自的电动机和定时器。

（3）套桶

套桶洗衣机是内、外两个立式容器套装在同一个轴心上。

3. 按洗涤方式分

洗衣机按洗涤方式可分为波轮式、滚筒式、搅拌式。

（1）波轮式

它是通过底部波轮的转动使水与衣物、衣物与衣物、衣物与筒壁之间产生摩擦，通过缠绕、扭结、解开的过程来洗净衣物。

（2）滚筒式

它是通过内筒顺时针和逆时针转动带动衣物和水上、下运动，并不断加温，使洗涤剂充分渗透到衣物内部，通过挤压，拍打、运动、摩擦的过程来洗净衣物。

（3）搅拌式

它是通过搅拌叶的往复运动的方式来洗净衣物。

※Q5　什么是半自动洗衣机?

1)半自动洗衣机又称双缸洗衣机,它一侧是洗涤桶,一侧是甩干桶,在洗涤过程中也可打开洗衣机添加衣物。洗涤、脱水也是分别进行,进水、排水都是手动控制,而且洗涤和脱水时间也可任意选择。半自动洗衣机实物如图1-7所示。

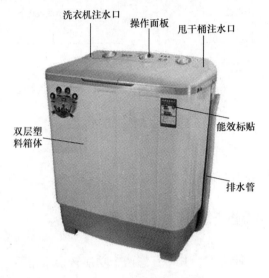

图1-7　半自动洗衣机实物

2)半自动洗衣机包括洗衣桶、脱水桶、脱水电动机、脱水定时器、洗涤电动机等,结构如图1-8所示。

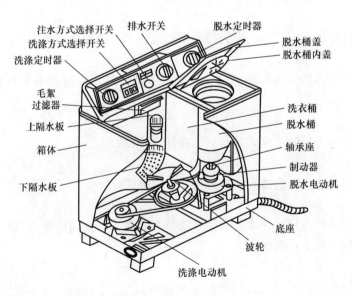

图1-8　半自动洗衣机结构

※Q6　什么是全自动洗衣机?

1)全自动洗衣机同时具有洗涤、漂洗和脱水功能,它们之间的功能转换不用手工操作,而是能自动进行的。它通过水位开关和电磁进水阀配合控制进水、排水以及电动机的通断,实现自动控制。

2)目前市场上有3种全自动洗衣机,即滚筒式、波轮式和搅拌式。波轮式洗衣机是全自动洗衣机中最常见的一种,实物如图1-9所示。

图1-9　波轮式洗衣机实物

※Q7　什么是波轮式洗衣机?

波轮式洗衣机又称波盘洗衣机,它由电动机带动波轮转动,衣物随水不断上、下翻转而得到洗涤。波轮式洗衣机结构简单、维修方便、洗净率高,但磨损大、用水多,可分为双桶半自动和全自动两种。全自动波轮式洗衣机是现代生活中最常见的一种,结构如图1-10所示。

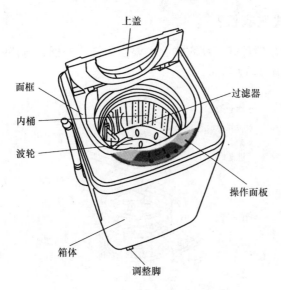

图1-10　全自动波轮式洗衣机结构

※Q8　什么是滚筒式洗衣机?

1)滚筒式洗衣机主要由不锈钢内桶、三重保护的外壳等组成,它包括洗涤、脱水系统、传动系统、操作系统、支承系统、给排水系统和电气控制系统,结构如图 1-11 所示。

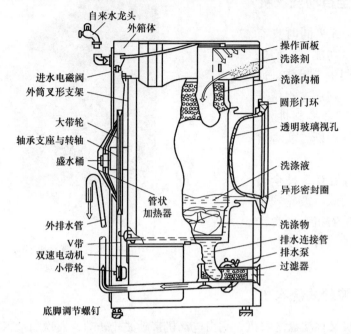

图 1-11　滚筒式洗衣机结构

2)滚筒式洗衣机按取放衣物的方式可分为前置式和顶开式;按控制方式可分为机械式和电脑板式;按放置方式又可分为内置式、独立式、可叠放式。

※Q9　什么是搅拌式洗衣机?

搅拌式洗衣机是通过搅拌叶搅拌衣物,主要由内桶、外桶、搅拌叶、电动机及电脑控制系统组成,相关结构如图 1-12 所示。

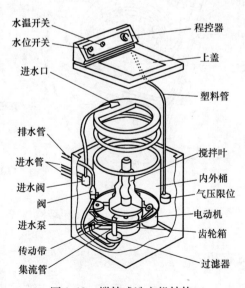

图 1-12　搅拌式洗衣机结构

问诊 2　洗衣机内构专题

※Q1　半自动洗衣机有哪些主要部件？

半自动洗衣机主要由洗涤部分、脱水部分、给排水部分、传动部分、控制部分等组成，结构如图 2-1 所示。

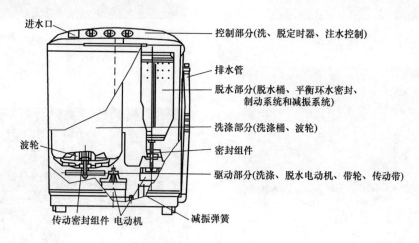

图 2-1　半自动洗衣机结构

1. 洗涤部分

洗涤部分包括洗涤桶、波轮、减速器、线屑收集系统，它主要完成洗涤和蓄水清洗。

（1）洗涤桶

洗涤桶用来盛放洗涤液与衣物，并协助波轮进行洗涤，实物如图 2-2 所示。

（2）波轮

波轮是对洗涤物施加机械作用力的主要部件，采用聚丙烯塑料或 ABS 塑料成型，洗衣机的洗涤是依靠它连续转动或正、反转动而进行的，实物如图 2-3 所示。

（3）减速器

减速器的作用是支撑波轮，传递来自电动机的动力，在传动中减速到合适的速度完成洗涤任务，实物如图 2-4 所示。

（4）线屑过滤系统

它的功能是避免洗涤液中的毛絮、纤维等细小物粘到衣物上，提高衣物的洗净效果，实物如图 2-5 所示。

图2-2　洗涤桶结构

图2-3　波轮实物

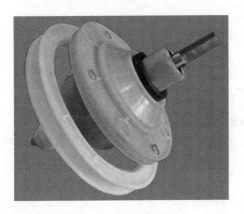

图2-4　减速器实物

图2-5　线屑过滤器实物

2. 脱水部分

脱水部分包括脱水桶、脱水外桶、制动机构、减振装置。

（1）脱水外桶

在半自动双桶洗衣机中，脱水外桶一般都与洗涤桶连在一起，它的作用有两个：一是安放脱水内桶和安装水封、二是盛接喷淋漂洗和脱水内桶工作时甩出的水，并通过外桶的排水口将之排出机外。

（2）脱水桶

脱水桶在脱水外桶内，通过脱水轴、联轴器与脱水电动机轴相连接，它的作用是盛放脱水的衣物，其外形为圆桶形，实物如图2-6所示。

（3）制动机构

制动机构安装在脱水电动机的上端，主要由联轴器、拉簧、制动臂等组件组成，实物如图2-7所示。

（4）减振装置

减振装置通过上、下支架安装在脱水电动机与洗衣机底座之间，它的作用是减少脱水部分的振动和偏摆。

图2-6 脱水桶实物

图2-7 制动机构实物

3. 控制部分

控制部分主要由洗涤定时器、脱水定时器、微动开关、洗排开关等组成。

（1）洗涤定时器

洗涤定时器的作用是控制洗涤时间以及洗涤时电动机正、反转的节拍，实物如图2-8所示。

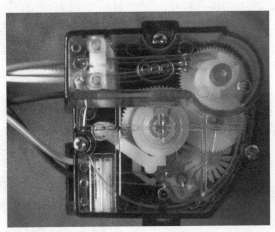

图2-8 洗涤定时器实物

（2）脱水定时器

脱水定时器用于控制脱水电动机的脱水时间，实物如图2-9所示。

（3）微动开关

微动开关用来在脱水桶盖打开时断开脱水电动机电路，以保护人身安全的装置，实物如图2-10所示。

（4）洗排开关

洗排开关是控制洗衣机洗涤和排水的一个开关装置，实物如图2-11所示。

图 2-9　脱水定时器实物

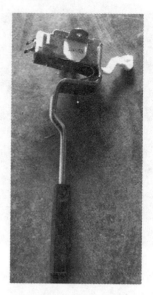

图 2-10　微动开关实物

4. 传动部分

传动部分包括洗涤电动机、脱水电动机和洗脱一体电动机。

（1）洗涤电动机

洗涤电动机工作时，洗衣机进行洗涤，实物如图 2-12 所示。

图 2-11　洗排开关实物

图 2-12　洗涤电动机实物

（2）脱水电动机

脱水电动机工作时，洗衣机进行脱水，实物如图 2-13 所示。

（3）洗脱一体电动机

洗脱一体电动机就是洗涤和脱水均用同一电动机，这在全自动滚筒式洗衣机中广泛应用。洗脱一体电动机有串励电动机（交流直流均可用）、交流变频电动机、直流无刷变频电动机 3 种。图 2-14 为串励电动机。

图 2-13　脱水电动机实物

图 2-14　洗脱一体串励电动机

※Q2　全自动洗衣机有哪些主要部件？

全自动洗衣机主要由电气控制系统、减振支承系统、驱动系统、排水系统等组成，结构如图 2-15 所示。

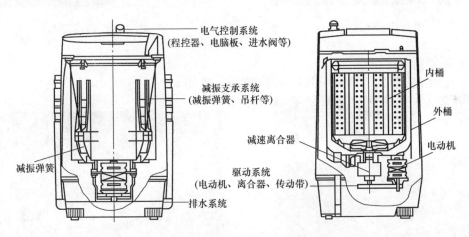

图 2-15　全自动洗衣机结构

1. 洗涤脱水系统？

该系统主要由外桶、内桶、波轮等组成。

（1）外桶

外桶又称盛水桶，主要用来盛放洗涤液，它是通过 4 根吊杆悬挂在箱体上，桶底装有电动机、减速离合器、排水阀、牵引器等，实物如图 2-16 所示。

（2）内桶

内桶又称洗涤桶或离心桶，有时也称脱水桶，它主要用来放衣物，并配合波轮完成洗涤或漂洗功能。内桶的内壁上有凸筋和许多小孔，分别用来摩擦衣物和出水。它的上端还装有平衡环，使衣物在脱水时不会使重心偏离中心轴。内桶实物如图 2-17 所示，图 2-18 为滚筒式洗衣机的内桶实物。

图 2-16 外桶实物

图 2-17 内桶实物

（3）波轮

波轮是对洗涤物施加机械作用力的主要部件，实物如图 2-19 所示。

图 2-18 滚筒式洗衣机的内桶实物

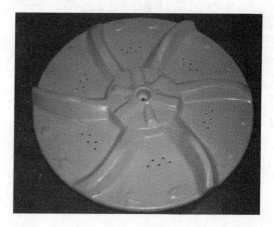

图 2-19 波轮实物

2. 进/排水系统

进/排水系统主要由进水电磁阀、排水电动机、排水电磁阀、水位压力开关等组成。

（1）水位压力开关

它的作用是对桶内水位进行检测控制，它装在控制盘座内，用导气管和外桶的气室相通，实物如图 2-20 所示。

图 2-20　水位压力开关实物

（2）进水电磁阀

进水电磁阀又称为水用电磁阀，是一个电磁控制开关，主要由阀门、铁心和线圈组成，实物如图 2-21 所示。

（3）排水电动机

排水电动机是一个小型同步电动机，由电脑板上的排水晶闸管控制。它与排水阀的拉杆相连，套在离合器的制动臂上。排水电动机实物如图 2-22 所示。

图 2-21　进水电磁阀实物　　　　　　　　　　图 2-22　排水电动机实物

> ※知识链接※　很多上排水的全自动滚筒洗衣机没有排水电动机和排水阀，只有排水泵（见图 2-23）。

（4）排水阀

排水阀是洗衣机内排水系统的重要组件，它由电磁阀带动工作的，分为交流和直流两种，实物如图 2-24 所示。

3. 驱动系统

全自动洗衣机的驱动系统由电动机、减速离合器等部件组成。洗涤或漂洗时通过传动轮与减速离合器减速，此时波轮转速较慢；而脱水时只通过传动轮减速，此时脱水桶转速较快。

图 2-23　排水泵

图 2-24　排水阀实物

（1）减速离合器

　　减速离合器又称离合器或减速器，它的作用是控制洗衣机洗涤时波轮低速旋转，脱水时脱水桶高速旋转及制动。减速离合器实物如图 2-25 所示。

（2）电动机

　　电动机由定子、转子、风扇、端盖等组成，它具有过载能力强、运行性能和起动性能好的优点。电动机实物如图 2-26 所示。

图 2-25　减速离合器实物

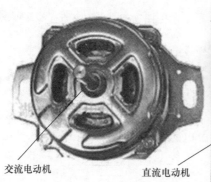

交流电动机

直流电动机

图 2-26　电动机实物

4. 电气控制系统

全自动洗衣机电气控制系统由安全开关、程序控制器、电动机、进水电磁阀、水位开关等组成。

（1）安全开关

安全开关在洗衣机运行过程中起保护作用，具体功能有两个：一是脱水工作过程中误开盖时，它将会切断电源，中断程序继续进行；二是脱水过程中若桶内衣物放置不平或不均匀引起大幅度振动时，它也会自动中断脱水。安全开关实物如图2-27所示。

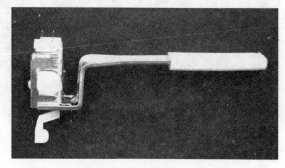

图 2-27　安全开关实物

（2）程序控制器

程序控制器又称电脑板或 P 板，它的作用是对洗衣机洗涤程序进行监测、判断、控制和显示。它的各个插座分别连接安全开关、水位开关、进水电磁阀、电动机等。程序控制器实物如图 2-28 所示。

图 2-28　程序控制器实物

5. 减振支承系统

洗衣机的减振支承系统包括外箱体、控制盘座、减振吊杆等部分。

（1）外箱体

外箱体是洗衣机的外壳，它主要起着支撑桶体使洗衣机传动系统正常工作的作用，另还能装饰和美化洗衣机外观。外箱体实物如图 2-29 所示。

（2）控制盘座

控制盘座位于洗衣机的上部，它用于安装和固定电气元件和操作件的部件，具有良好的绝缘性和操作安全性，实物如图 2-30 所示。

（3）减振吊杆组件

洗衣机箱角上有球面凹槽，吊杆的吊杆座凸球面与箱体上 4 个箱角的凹球面配合，悬挂在箱体上的四角上，它具有减振和吸收噪声的作用，能保证洗涤、脱水时的平衡和稳定。减振吊杆组件实物如图 2-31 所示。

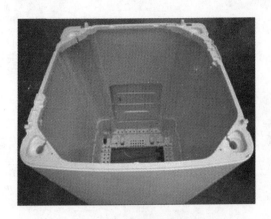

图 2-29　外箱体实物

图 2-30　控制盘座实物

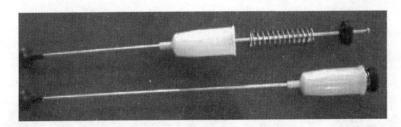

图 2-31　减振吊杆组件实物

问诊3 洗衣机理论专题

※Q1 洗衣机是如何进行工作的？

洗衣机的工作过程由 4 个部分组成，即进水、洗衣、排水、脱水。在半自动洗衣机中，这 4 个过程分别用相应的按钮进行控制；在全自动洗衣机中，这 4 个过程可做到全自动依次运行，直至洗衣结束。现以全自动洗衣机为例介绍其工作过程。

1. 进水

洗衣机通电并关闭上盖后，通过操作显示面板输入洗涤方式。启动洗涤后，主控电路输出控制进水系统的控制指令，打开进水电磁阀（见图 3-1）进行注水，当水位到一定程度时，通过水位开关控制进水电磁阀断电，停止进水。

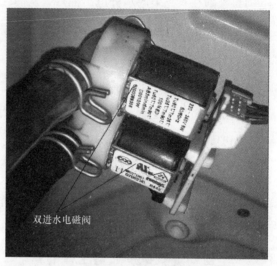

双进水电磁阀

图 3-1　进水电磁阀

> ※知识链接※　通过双电磁阀进水的洗衣机有两个电磁阀：一个是主进水电磁阀；一个是副电磁阀。副电磁阀主要用来分次冲入洗涤剂和冲去洗涤泡沫。

2. 洗涤

进水停止时，主控电路控制洗涤电动机运行，它通过机械传动系统将电动机的动力传给波轮，再对洗衣桶内的衣物进行洗涤。在洗涤时，电动机运行，通过减速离合器进行减速，从而完成洗涤任务。

3. 排水

当洗涤任务结束后，主控电路控制排水系统开始工作，首先磁铁牵引器中的电磁铁由于线圈通电而吸合衔铁，然后衔铁通过排水阀杆拉升排水阀中与橡胶密封膜连成一体的阀门，此时污水将排到机外。当排水结束时，电磁铁断电，释放衔铁，橡胶密封膜被阀中的压缩弹簧推动，使阀门与阀体端口平面贴紧，此时排水阀关闭。洗衣机排水分上排水和下排水，下排水的洗衣机一般采用排水电磁阀，上

图 3-2　排水泵

排水的洗衣机则没有排水阀，而是采用排水泵（见图 3-2）进行排水。

4. 脱水

当排水工作完成后，主控电路控制起动电容器起动电动机（采用串励电动机的洗衣机没有起动电容器）进入脱水状态，这时电动机高速运行（串励电动机低速转大，高速可达到 10000r/min 以上），同时通过离合器（很多全自动滚筒式洗衣机没有离合器，直接通过电动机驱动和减速，如西门子 WM1065 型洗衣机）带动脱水桶沿顺时针方向高速运行，依靠离心力将吸附在衣物上的水分甩出桶外，从而完成脱水任务。

※Q2 半自动洗衣机是如何工作的?

1. 洗涤

首先将电源接通，根据衣物的多少注入适量的洗涤剂和水，再打开洗涤定时器来控制洗涤电动机的正、反向运行和洗涤工作的时间，然后通过齿轮箱进行二次减速，并带动波轮进行正、反向旋转，从而洗净衣物。

2. 脱水

首先将电源接通，打开脱水定时器控制脱水电动机的运行及脱水时间，再由内桶通过制动轮连接至电动机，然后衣物中水分在电动机带动内桶高速旋转产生的离心力作用下从衣物中分离，从而达到甩干衣物的目的。

※Q3 全自动洗衣机是如何工作的?

1. 洗涤

1）首先将电源接通，根据衣物的多少及脏污程度在操作面板上选择相应的水位及施放洗涤液。

2）再按下启动键，洗衣机开始进水工作，当达到相应水位时，电动机通过 V 带减速并将动力传递至离合器，离合器的二次减速将波轮带动，做正、反方向的旋转，同时带动水流运动。

3）然后运动的水流带动衣物上、下、左、右不停地翻转、摩擦，再配合洗涤液的作用，将衣物洗净。

2. 脱水

当衣物达到洗净效果时，电动机通过 V 带减速并将动力传递至离合器（有些全自动的洗衣机没有离合器），此时离合器带动内桶高速旋转，衣物中的水分在高速旋转产生的离心力的作用下被分离出去，从而将衣物甩干。

※Q4 全自动波轮式洗衣机的工作原理是怎样的?

全自动波轮式洗衣机是依靠在洗衣桶底部的波轮（见图 3-3）通过正、反向旋转，使水流运动，同时带动衣物向不同方向翻转，让衣物之间、衣物与桶壁之间进行摩擦，同时利用洗涤剂的清洁作用实现去污洗净效果。它是利用内桶高速旋转所产生的离心力脱水。

图 3-3　波轮

※Q5　全自动滚筒式洗衣机的工作原理是怎样的？

全自动滚筒式洗衣机的工作原理是通过电动机带动滚筒转动，衣物在固定滚筒中的提升筋（见图 3-4）作用下不断地被提起，达到一定高度时，在重力的作用下自然落下，实现与反复棒打相似的效果，从而进行洗净衣物。它是利用滚筒高速旋转的产生的离心力脱水。

图 3-4　滚筒中的提升筋

※Q6　全自动搅拌式洗衣机的工作原理是怎样的？

全自动搅拌式洗衣机的工作原理是在洗衣桶中央的搅拌棒（见图 3-5）的旋转作用下，带动水流及衣物运动。衣物在运动水流的作用下不停翻转，让衣物之间、衣物与桶壁及搅拌棒之间不断地摩擦，同时利用洗涤剂的清洁作用洗净衣物。它是利用洗衣桶高速旋转所产生的离心力脱水。

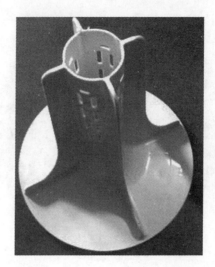

图 3-5　搅拌棒

问诊4　洗衣机部件专题

※Q1　什么是电脑板？有哪些种类和功能？

电脑板是采用单片机为控制中心，能按照预定顺序转换控制电路，使洗衣机自动完成各洗衣步骤的控制部件，实物如图4-1所示。

图4-1　电脑板实物

※Q2　什么是电动机？有哪些种类和功能？

电动机是洗衣机的动力源，它起到传递动力的作用。洗衣机常用的电动机为电容式起动电动机。另外还有双速电动机、串励电动机、直流无刷永磁电动机等。电动机实物如图4-2所示。

图4-2　电动机实物

※Q3　什么是进水电磁阀？有哪些种类和功能？

进水电磁阀简称进水阀（见图4-3），它的作用是通过程序控制自动进水和关闭水源。

当需要进水时，电脑板给进水电磁阀供电，进水电磁阀的电感线圈通电，产生磁性，吸动衔铁打开橡胶封水阀，完成进水（见图4-4）。当水位达到要求后进水电磁阀断电，衔铁复位，橡胶封水阀关闭，进水停止（见图4-5）。

图4-3　进水电磁阀实物

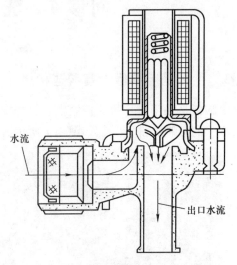

图4-4　进水电磁阀进水时的结构原理

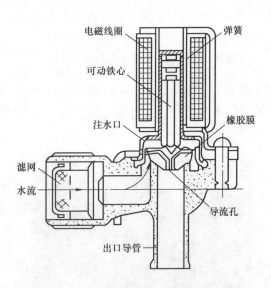

图4-5　进水电磁阀停止进水时的结构原理

※Q4　什么是排水电磁阀？有哪些种类和功能？

排水电磁阀由磁铁和排水阀组成，它的作用是在通电后推动离合器上的拨叉，使离合器进入脱水状态，同时推动排水阀芯，打开排水通路，实物如图4-6所示。洗衣机排水分上排水和下排水，下排水的洗衣机一般采用排水电磁阀，上排水的洗衣机则没有排水阀，而是采用排水泵进行排水。

图 4-6　排水电磁阀实物

※Q5　什么是离合器？有哪些种类和功能？

离合器主要由波轮轴、脱水轴、扭簧、制动带、拨叉、带轮、离合杆、棘轮、棘爪等组成，它可分为普通离合器、法兰盘离合器、DD 电动机离合器。离合器结构如图 4-7 所示。

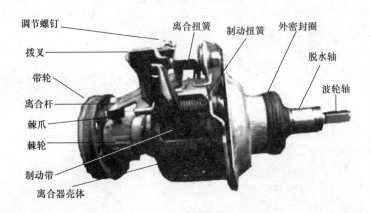

调节螺钉　离合扭簧　制动扭簧　外密封圈
拨叉　　　　　　　　　　　　　脱水轴
带轮　　　　　　　　　　　　　波轮轴
离合杆
棘爪
棘轮
制动带
离合器壳体

图 4-7　离合器结构

> ※知识链接※　特别提示：有些采用串励电动机的洗衣机没有离合器。

※Q6　什么是水位开关？有哪些种类和功能？

水位开关又称水位压力开关、水位传感器、水位控制器，它的作用是监控洗涤桶内水位的高低是否满足设定要求，从而控制洗衣机运行，结构如图 4-8 所示。

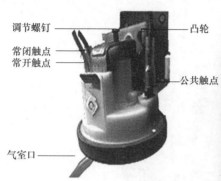
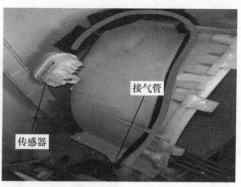

图4-8　水位开关结构

※Q7　什么是安全开关？有哪些种类和功能？

安全开关是一种触点开关，又称为盖开关、微动开关。它的作用是在脱水过程中打开洗衣机盖时或内桶摆动幅度过大时切断电动机的供电电源，使脱水电动机停止运行，进入保护状态。安全开关实物如图4-9所示。

> ※知识链接※　侧开盖滚筒式洗衣机一般没有此开关，只有门开关（见图4-10）。该门开关的结构原理是：PTC通电发热，使双金属簧片变形闭合，同时使门锁自锁，以使洗衣机在工作过程中不能打开门，只有断开电源2min后才能把门打开，以确保安全。

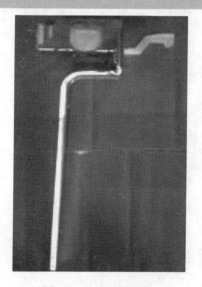

图4-9　安全开关实物

图4-10　门开关

※Q8　什么是定时器？有哪些种类和功能？

定时器的作用是用来控制时间，在洗衣机里它可分为洗涤定时器和脱水定时器两种，前者是控制洗涤时间，后者是控制脱水时间。定时器实物如图4-11所示。

图 4-11 定时器实物

　　※知识链接※ 全自动智能洗衣机不采用图 **4-11** 所示的机械式定时器，而是采用与电脑板一体的电子式定时器（见图 **4-12**）。

电子式定时器

图 4-12 电子式定时器

问诊5 洗衣机电路专题

※Q1 普通双桶波轮式洗衣机电路是怎样的?

普通双桶波轮洗衣机控制电路主要由脱水定时器、洗涤定时器、起动电容器、脱水电动机、洗涤电动机、洗涤选择开关等组成,电气原理图如图5-1所示。

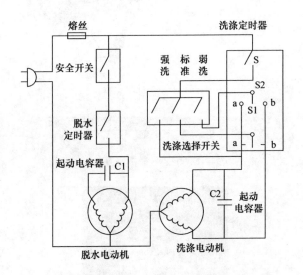

图5-1 普通双桶波轮式洗衣机控制电路电气原理图

※Q2 全自动洗衣机电路是怎样的?

1. 电路的分类

全自动洗衣机的电路分为微电脑控制和机电式控制两种。

(1) 微电脑控制全自动洗衣机电路

它由程序控制器、电源开关、电磁铁、电动机、进水电磁阀、变压器等组成,电气原理图如图5-2所示。

(2) 机电式控制全自动洗衣机电路

它由程序控制器、电磁铁、进水电磁阀、蜂鸣器、电动机、洗涤选择开关、水位开关、安全开关、排水选择开关等组成,电气原理图如图5-3所示。

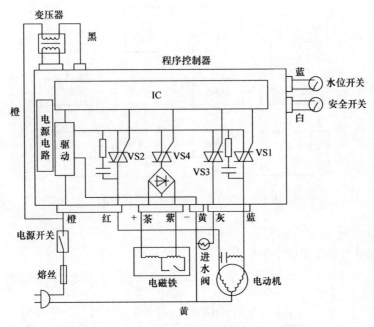

图 5-2　微电脑控制全自动洗衣机电气原理图

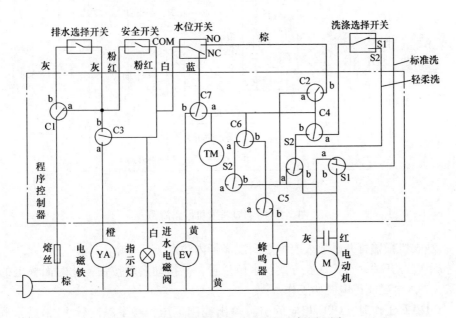

图 5-3　机电式控制全自动洗衣机电气原理图

2. 电路的区别

微电脑控制全自动洗衣机是由 CPU 芯片发出各种指令，再利用电磁铁或晶闸管控制电路执行部件运行；机电式全自动洗衣机是通过程序控制器内的各个触点分别接通和断开来控制电气部件运行。全自动洗衣机控制系统框图如图 5-4 所示。

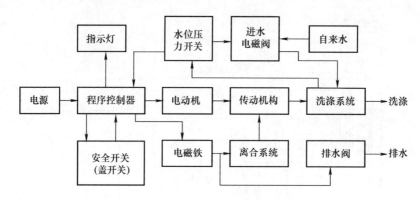

图 5-4　全自动洗衣机控制系统框图

3. 电路工作流程

全自动洗衣机电路简图如图 5-5 所示。

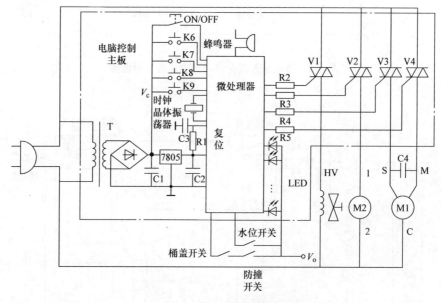

图 5-5　全自动洗衣机电路简图

1）将洗衣机桶盖打开，放入衣物后向洗涤桶内注水。

2）按下电源开关，选择洗衣方式及水位位置，并按动启动按钮，此时面板上的相应指示灯点亮，进水电磁阀得电开始工作。

3）当电磁阀工作时，CPU 相应的引脚输出控制电压，触发晶闸管 V1，进水阀 HV 得电，电磁阀打开。

4）当进水水位达到设定值时，水位开关将断开，CPU 进水阀控制脚停止输出控制电压，晶闸管 V1 截止，进水阀线圈断电，进水停止。

5）当进水停止后，相应电动机控制引脚输出控制电压，洗涤电动机 M1 反复正、反向运行。

6）当洗涤时间到时，CPU 电动机控制引脚停止输出控制电压，晶闸管 V3、V4 截止，电动机停止运行。同时 CPU 排水控制脚输出排水指令,晶闸管 V2 栅极得电而导通,牵引器电动机得电而旋转,排水阀被拉动,排水开始。

7)当排水结束时,水位开关闭合,CPU 的电动机控制引脚输出持续信号,晶闸管 V3 持续导通,洗涤电动机 M1 也正向持续运行,在离合器的作用下,内桶高速旋转,开始脱水,此时牵引器 M2 继续通电,排水阀也持续排水。

8)当脱水结束时,则进行二次进水。CPU 停止输出电动机控制信号和排水信号,而发出进水控制信号,进水电磁阀工作,进行二次进水。

9)当二次进水停止后,CPU 发出漂洗控制信号,洗涤电动机反复正、反向运行。

10)当漂洗结束时,CPU 又发出排水信号,进行二次脱水过程,重复第 6、7 步的工作。

11)当二次脱水结束后,进行三次进水、二次漂洗、三次脱水。

12)当最后一次脱水结束后,排水阀线圈、牵引器电动机、洗涤电动机断电,这时 CPU 发出指令使蜂鸣器得电鸣叫,洗衣完成。

4. 电路原理

下面以海尔 XQB45 – A 型全自动洗衣机电路为例,详细介绍各电路的原理。

(1)电源电路

电源电路包括变压器 T1、整流全桥 DB、滤波 C2 等元器件。当打开电源开关时,220V 市电经电源变压器 T1 降压、整流全桥 DB 整流、C2 滤波后得到 12V 左右的直流电压,它一路为蜂鸣器供电,另一路经 VT1、VT2、DZ1 等构成的 5V 稳压器后输出 5V – 1,为控制电路供电。电源电路如图 5-6 所示。

(2)复位电路

复位电路包括 R6、C6、VT12 等元器件。复位端为 CPU 第 7 脚,通电时,SV – 2 电压通过 R6 对 C6 充电,当 C6 两端电压大于 0.7V 后,VT12 导通,CPU 第 7 脚为高电平,复位结束。电路如图 5-7 所示。

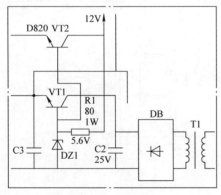

图 5-6 电源电路

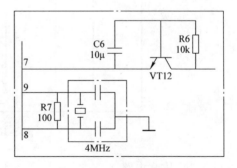

图 5-7 复位电路

(3)过零触发电路

过零触发电路包括 VD1、VD2、R3、R4 等元器件。50Hz 市电经 R2 降压,VD1、VD2、R3、R4 限幅,以及 R5 限流后作为时基信号送入 CPU 第 2 脚,从而实现对双向晶闸管的过零触发。过零触发电路如图 5-8 所示。

（4）过电压保护电路

过电压保护电路包括 ZNR、C1 等元器件。当持续过电压时 ZNR 会击穿，过电流熔断器将熔断，洗衣机得到保护。过电压电路如图 5-9 所示。

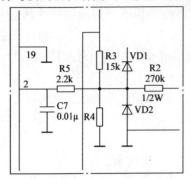

图 5-8　过零触发电路

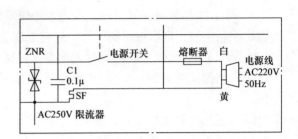

图 5-9　过电压保护电路

（5）键扫描电路

键扫描电路包括 SF、SP、SW1～SW6 等功能按键。SF 为洗衣机安全开关，SP 为水位开关，SW1 为功能选择按键，SW2、SW3、SW5、SW6 均为洗涤方式选择按键，SW4 为起动开关。键扫描电路如图 5-10 所示。

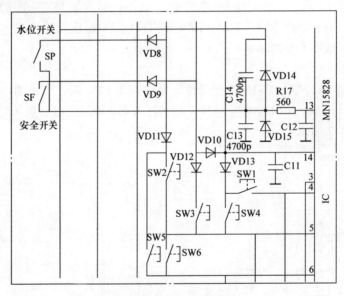

图 5-10　键扫描电路

（6）进/排水电路

进/排水电路包括 VS1～VS5、VT11、VT10、进/排水电磁阀等。安全开关闭合且选择好洗衣程序和洗涤方式后，若按下 SW4，CPU 第 20 脚将输出触发信号，经 VT10 放大后触发双向晶闸管 VS3 导通，进水电磁阀打开，此时洗衣机桶内将注水。当水位达到限定水位时，水位开关将闭合，CPU 第 20 脚再次发出过零关闭信号，进水电磁阀得信号后关闭。进水电磁阀关闭后，CPU 第 15、16 脚依次交替发出正、反转及过零关闭信号，脱水桶内转盘得信号后进行正、反向旋转。当洗涤结束时，排水电磁阀再次打开排水，排完水后，CPU 的第 15 脚发出触发信号，使 VS1 导通，这时电动机得电逆时针方向运行，脱水桶在减速离合器的带动下顺时针方向旋转，脱水开始。进/排水电路如图 5-11 所示。

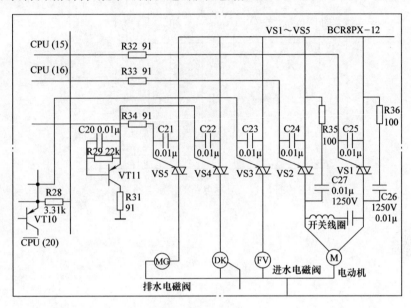

图 5-11　进/排水电路

（7）显示电路

显示电路包括发光二极管 LED1 ~ LED7。LED1 为洗涤指示灯，LED2 为漂洗指示灯，LED3 为脱水指示灯，LED4 为标准洗指示灯，LED5 为经济洗指示灯，LED6 为大物洗指示灯，LED7 为轻柔洗指示灯。当按下某功能按钮或选择洗衣方式后，相应的指示灯都会随之点亮。显示电路如图 5-12 所示。

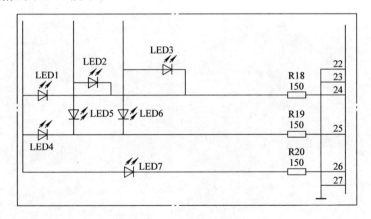

图 5-12　显示电路

首先由 CPU 第 10、12、11、24、25、26 脚发出控制信号，再经二极管 VD3 ~ VD7 及控制晶体管 VT3 ~ VT5 对其进行控制，电路如图 5-13 所示。

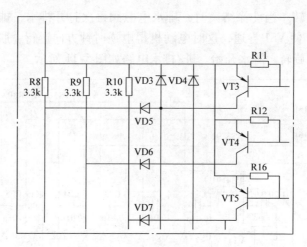

图 5-13 显示电路的控制电路

问诊6 洗衣机专用工具专题

※Q1 什么是绝缘电阻表？有什么作用？

绝缘电阻表曾称兆欧表或摇表，主要由手摇直流发电机、磁电系比率表和测量线路组成。它的作用是测量电气设备，如变压器、互感器、电动机等的绝缘电阻，同时具有测量交直流电压、直流电流、直流电阻等常用功能。它可分为直接作用模拟指示的绝缘电阻表（手摇式绝缘电阻表）和电子式绝缘电阻表，相关实物分别如图6-1、图6-2所示。

图6-1 直接作用模拟指示绝缘电阻表实物 　　　　　图6-2 电子式绝缘电阻表实物

※Q2 什么是转速仪？有什么作用？

转速仪是测量各种运动器件的旋转速度（如轴类、盘类、轮类等）的工具，它可分为离心系转速仪、磁性系转速仪、电动系转速仪、磁电系转速仪、闪光式转速仪、电子系转速仪。转速仪实物如图6-3所示。

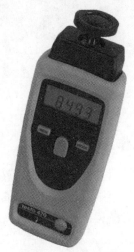

图6-3 转速仪实物

※Q3 什么是三爪拉马？有什么作用？

三爪拉马是机械维修中的常用工具，它主要由旋柄、螺旋杆和拉爪组成。它的作用是把轴承从轴上拉下来，操作时，将螺杆顶尖定位于轴端顶尖孔调整拉爪位置，使拉爪挂钩于轴外环，旋转旋柄使拉爪带动轴承沿轴向向外移动，即可拆除。三爪拉马实物如图6-4所示。

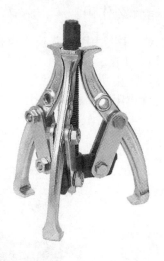

图6-4 三爪拉马实物

※Q4 什么是离合器扳手？有什么作用？

离合器扳手是扳手中的一种，主要用来拆卸洗衣机离合器，实物如图6-5所示。

图6-5 离合器扳手实物

※Q5 什么是万用表？有什么作用？

万用表又称多用表、三用表、复用表，它由表头、转换开关、测量电路三部分组成，是一种多功能、多量程的测量仪表。它的作用是测量交、直流电压、电流及电阻的。它可分为数字式万用表和指针式万用表两大类，实物分别如图6-6、图6-7所示。

图 6-6　数字式万用表实物　　　　　　　图 6-7　指针式万用表实物

※Q6　什么是钳形电流表？有什么作用？

由电流互感器和电流表组合而成的工具称为钳形电流表，它可测量高压交流电流、低压交流电流、漏电流、在线交流电流。钳形电流表实物如图 6-8 所示。

图 6-8　钳形电流表实物

※Q7　什么是活动扳手？有什么作用？

活动扳手是一种拧螺钉的工具，它能通过调节卡口的大小而适应不同直径的螺钉。活动扳手实物如图 6-9 所示。

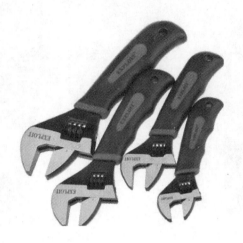

图 6-9　活动扳手实物

※Q8　什么是螺钉旋具？有什么作用？

螺钉旋具是一种通过旋转将螺钉取出的工具，主要分为一字槽螺钉旋具和十字槽螺钉旋具，常见的还有内六角圆柱头螺钉旋具和外六角螺钉旋具。螺钉旋具实物如图 6-10 所示。

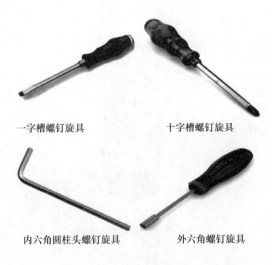

一字槽螺钉旋具　　　　　　　十字槽螺钉旋具

内六角圆柱头螺钉旋具　　　　外六角螺钉旋具

图 6-10　螺钉旋具实物

※知识链接※　很多国外品牌的洗衣机还有 T 系列的螺钉旋具（见图 6-11）。

图 6-11 T 系列的螺钉旋具

※Q9 什么是电烙铁？有什么作用？

电烙铁是用来焊接元器件及导线的工具，它可分为内热式电烙铁、外热式电烙铁、焊接用电烙铁、吸锡用电烙铁。电烙铁实物如图 6-12 所示。

图 6-12 电烙铁实物

※Q10 什么是内六角套筒扳手？有什么作用？

内六角套筒扳手是在更换螺栓时标准扳手无法将其旋紧或旋松时所要用到的工具，实物如图 6-13 所示。

图 6-13 内六角套筒扳手实物

问诊7 洗衣机拆装专题

※Q1 洗衣机安装前要做哪些准备工作？

1. 检查洗衣机各配件的质量

1）打开桶盖，检查桶体是否平整光滑，如图7-1所示。

2）转动波轮，检查左、右转动是否灵活，是否有异常声音，如图7-2所示。

图7-1　检查桶体

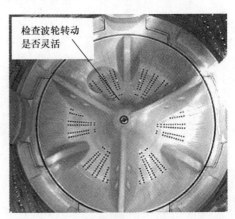

图7-2　检查波轮

3）按下控制面板的按键开关，检查操作是否方便，如图7-3所示。

图7-3　检查控制面板按键

4）向洗涤桶和脱水桶注水，检查是否有漏水，如图7-4所示。

5）检查门封橡胶条弹性是否良好，如图7-5所示。

检查是否漏水

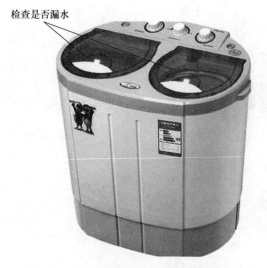

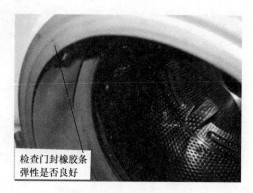

检查门封橡胶条
弹性是否良好

图7-4　检查洗涤桶和脱水桶是否漏水　　　　图7-5　检查门封橡胶条

2. 通电试运行以检查各运行装置是否正常

1）检查双桶半自动洗衣机波轮是否能正、反转动，如图7-6所示。

2）检查脱水桶是否能够转动及制动，如图7-7所示。

检查波轮是否能转动

脱水桶是否
转动及制动

图7-6　检查双桶半自动洗衣机的波轮　　　　图7-7　检查脱水桶

3）全自动洗衣机是否能按设定的程序运行，如图7-8所示。

4）进/排水电磁阀是否控制正常，如图7-9所示。

5）滚筒洗衣机空转时检查程序是否有误差及显示屏指示灯是否正常，如图7-10所示。

6）滚筒洗衣机置行高速运行模式时观察转动的滚筒内圈是否振幅较小，如图7-11所示。

按动此类按键
洗衣机是否能运行

图7-8　检查全自动洗衣机的控制程序

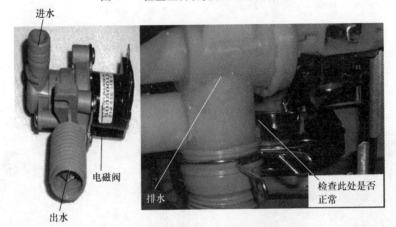

进水

电磁阀

出水

排水

检查此处是否
正常

图7-9　检查进/排水电磁阀

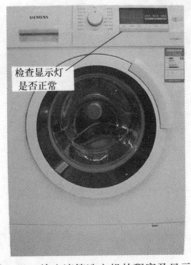

检查显示灯
是否正常

图7-10　检查滚筒洗衣机的程序及显示屏

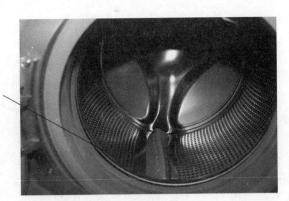

检查滚筒洗衣机内圈振幅是否减少

图 7-11 检查滚筒洗衣机内圈

7）倾听电动机运行时的噪声是否较小，如图 7-12 所示。

3. 检查进水、排水和脱水性能是否较好

1）自动进水时用手触摸进水电磁阀的塑料进水口是否有抖动，如图 7-13 所示。

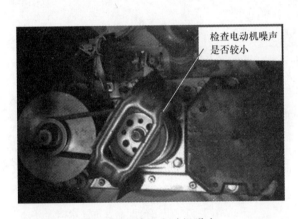

检查电动机噪声是否较小

触摸进水电磁阀是否有抖动

图 7-12 检查电动机噪声   图 7-13 检查进水电磁阀

2）进水完毕后洗涤桶不停地正、反方向旋转时，用手触摸外壳是否有"麻电"感。

3）排水及脱水是否能按时完成。

※Q2 洗衣机有哪些安装要求？

1. 安装位置要求

1）选择合适的安装位置，要求不能过于潮湿，不能靠近热源，周围不能有腐蚀性或爆炸性的液体、气体。

2）选择位置要靠近水源和电源，空间不能太小。

3）选择合适的地面，要求地面平整，倾斜角度不能过大。

2. 电源要求

1）电源电压必须为稳定的 220V、50Hz 交流电。

2）必须使用单独的插座，不能与其他电器合用，而且电源插座要为单相三极插座，地线须可靠接地，最好配有漏电保护器。

3）洗衣机插头与电源插座须接触良好，以防短路。

3. 水源要求

1）水压压力必须在 0.03~0.98MPa 之间。

2）水龙头要求出口前端长度必须大于 10mm，端口要平整，以防漏水。

3）为避免进水管缠绕，水龙头的安装高度要略高于洗衣机高度。

4）若当地水质较差，须定期清洗进水阀过滤网。

※Q3 洗衣机的拆机方法与具体步骤是怎样的？

下面以滚筒洗衣机为例介绍拆机步骤：

1. 拆台面板及主控板

1）拆下台面板的固定螺钉，如图 7-14 所示。

2）向后轻拉台面板，就可将台面板取下。

3）将虹吸帽按住，退出分配盒，再拆下注水槽螺钉，如图 7-15 所示。

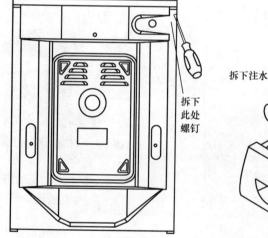

图 7-14 拆台面板

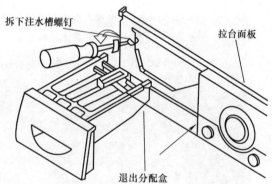

图 7-15 退出分配盒及拆注水槽螺钉

4）将主控板固定螺钉拆下，取下主控板，如图 7-16 所示。

5）将电脑板固定螺钉拆下，取下电脑板盒，如图 7-17 所示。

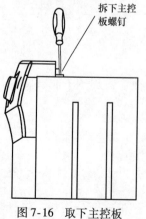

图 7-16 取下主控板

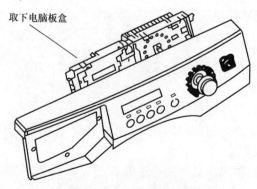

图 7-17 取下电脑板盒

2. 拆电磁阀

1）首先将电磁阀线拔下，拆下背后的两个固定螺钉，如图 7-18 所示。

2）用钳子夹住进水管管夹，就可将电磁阀取下。

3. 拆底饰板

首先用硬币将过滤器门打开，然后松开底座板固定螺钉，再向左侧移动底饰板，就可将底饰板取出，如图 7-19 所示。

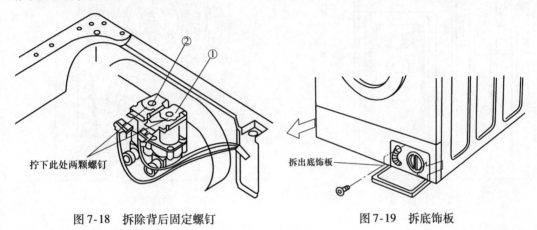

图 7-18　拆除背后固定螺钉　　　　　　图 7-19　拆底饰板

4. 拆观察窗总成

将观察窗打开拆下窗垫，然后用钳子固定住门铰链内侧的螺母，再用螺钉旋具卸下螺栓即可，如图 7-20 所示。

5. 拆电脑板

1）将电脑板的固定螺钉拆下。

2）如图 7-21 所示，沿箭头所示方向掰开电脑板卡爪，将电脑板撬开并拿出电脑板。

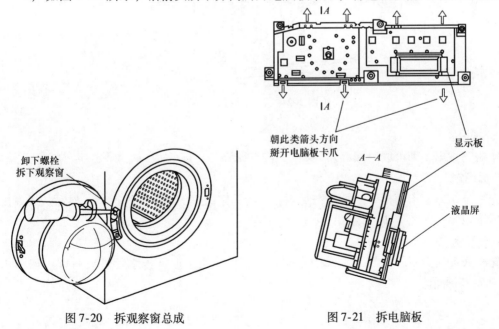

图 7-20　拆观察窗总成　　　　　　图 7-21　拆电脑板

6. 拆后背盖板

首先将后背盖板螺钉卸下，再将后背盖板拿下拆卸内部组件，如图 7-22 所示。

7. 拆传动轮

首先将后盖板取下，再将传动带取下，然后松开螺栓，将传动轮取下，如图 7-23 所示。

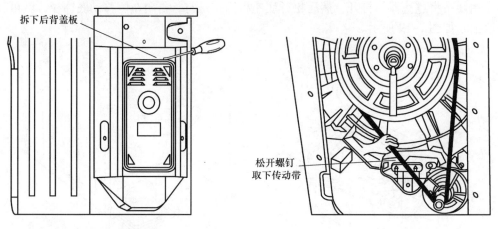

图 7-22　拆后背盖板　　　　　　　图 7-23　取传动轮

8. 拆电动机

首先将支架上的两个螺钉拆下，再沿着箭头方向拆下电动机，如图 7-24 所示。

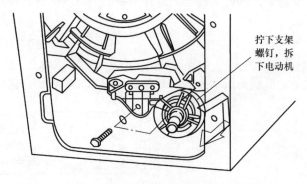

图 7-24　拆电动机

9. 拆减振器

将减振销拔出，即可取出减振器，如图 7-25 所示。

10. 拆门锁

首先将外箱体盖卡簧拆下并松开密封圈，再将固定门锁的两个螺钉拆下，然后从线束接插件上拆下门锁，如图 7-26 所示。

11. 拆排水泵

首先将底饰板拆下，再卸下水泵固定螺钉，然后用钳子取下排水管管夹后即可取下水泵，如图 7-27 所示。

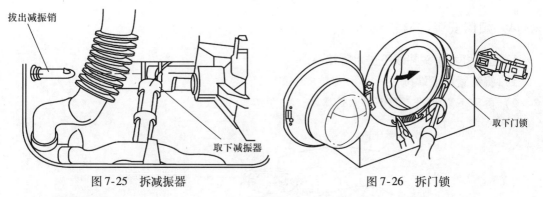

图 7-25　拆减振器　　　　　　　　图 7-26　拆门锁

12. 拆加热管

首先用套筒扳手将加热管中间的螺母松开，再轻轻摇动加热管，即可将加热管拿出，如图 7-28 所示。

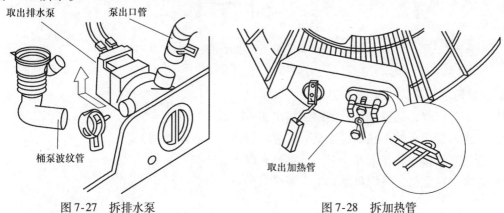

图 7-27　拆排水泵　　　　　　　　图 7-28　拆加热管

13. 拆滚筒外桶

滚筒式洗衣机的外桶是采用两个半球通过卡扣合成的。由于卡扣较多，拆起来比较麻烦。在没有专用工具的情况下，可采用以下方法：先将两个半球之间的螺母松开，取出螺杆，用一字槽螺钉旋具撬起卡扣，再插入自制的竹签，将每个卡扣都插入竹签后（一般有24 个卡扣），再用力将两个半球撬开，如图 7-29 所示。

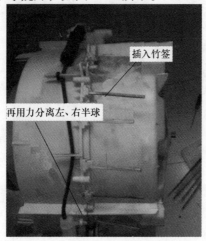

图 7-29　拆滚筒外桶

※Q4 如何安装洗衣机进水管?

1. 选择好水龙头并取下进水管接头

1)将锁紧杆下端按住。

2)再压下滑动器,取下进水管接头,如图7-30所示。

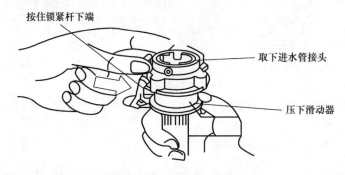

图7-30 取下进水管接头

2. 安装进水管接头(见图7-31、图7-32)

1)揭下标记牌,调整螺母,使螺纹露出3~4圈。

2)将进水管接头的4颗螺钉松至可将进水管接头套在水龙头上。

3)若进水管接头套在水龙头上,就将衬套取下。

4)拧紧4颗螺钉,将螺母旋紧至水不渗漏为止。

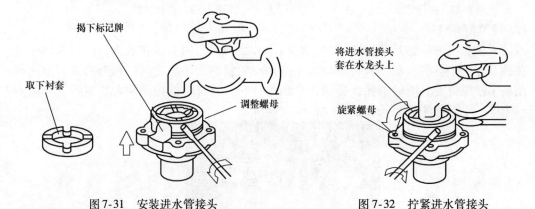

图7-31 安装进水管接头   图7-32 拧紧进水管接头

3. 连接进水管与洗衣机

1)首先将进水管螺母套到进水阀接头上,如图7-33所示。

2)将进水管螺母拧紧,轻轻摇动,确认是否紧固,如图7-34所示。

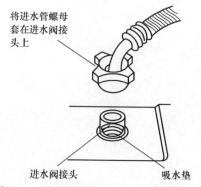

图 7-33 将进水管螺母套到进水阀接头上

图 7-34 拧紧螺母

※Q5 洗衣机的安装方法与具体步骤是怎样的？

下面以三洋洗衣机为例介绍洗衣机安装的具体步骤：

1. 安装上面板组件

（1）安装进水阀

首先将凡士林涂抹于进水阀两端口，再装入进水盒组件，然后安装支架，用螺钉依次紧固即可，如图7-35、图7-36所示。

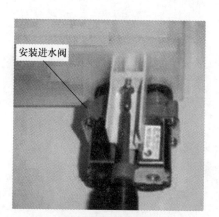

图 7-35 安装进水阀（一）

图 7-36 安装进水阀（二）

（2）安装粉末盒

首先将铭牌黏在粉末盒指定位置，再在粉末盒的指定位置装入膨松剂，如图7-37所示。

（3）安装软管

首先在管接头两端涂胶，并与软管卡簧分别安装于通气软管两端，再在软管接头处涂胶，并与长、短两种通气软管连接，如图7-38、图7-39所示。

（4）安装水位传感器

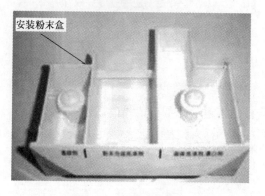

图 7-37 粉末盒的安装

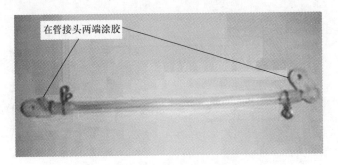

图 7-38　涂胶

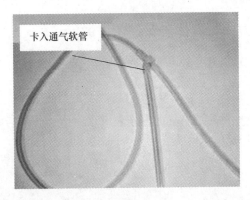

图 7-39　安装软管

首先在板座指定位置安装水位传感器，然后插入接插件，如图 7-40 所示。

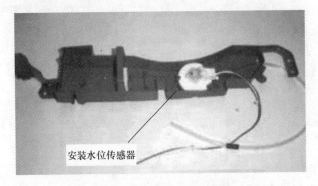

图 7-40　水位传感器的安装

（5）安装超音波泵

　　首先将超音波泵与其线束贴在一起，再将其装入板座内用螺钉紧固，然后将软管接头上的两根软管插入到超音波泵指定位置，如图 7-41、图 7-42 所示。

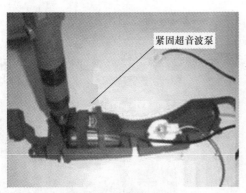

图 7-41　紧固超音波泵

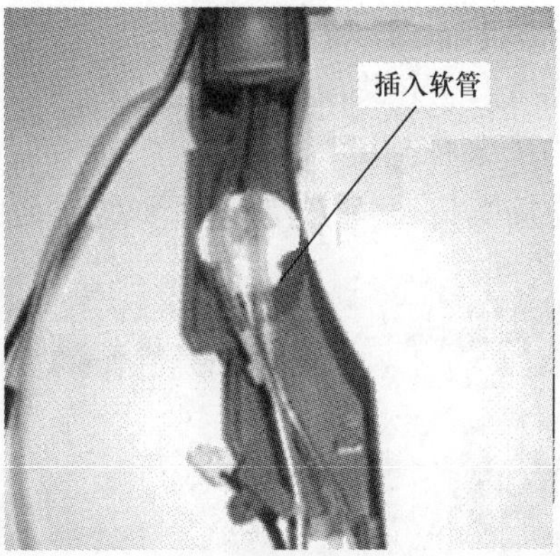

图 7-42　将软管插入超音波泵

（6）安装上盖与前后盖

首先用盖板轴将洗涤上盖与前后盖连接，并将安全爪与安全爪弹簧安装到洗涤上盖指定位置，如图 7-43、图 7-44 所示。

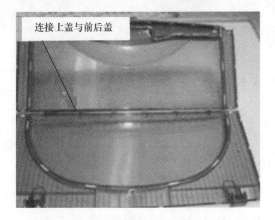

图 7-43　连接洗涤上盖与前后盖

图 7-44　安装安全爪与安全爪弹簧

（7）上面板布线

首先从悬挂链上取下上面板放于工位板上，然后安装进水盒组件并布线，如图 7-45、图 7-46 所示。

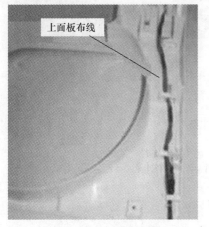

图 7-45　上面板布线

图 7-46　安装进水盒

（8）安装安全开关

首先将安全开关与线束焊接，再与安全杆组件安装到上面板指定位置，如图7-47所示。

（9）安装控制板

首先用螺钉紧固安全开关和进水盒组件，再安装控制板组件，如图7-48～图7-50所示。

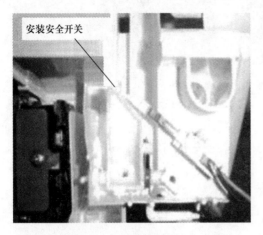

图7-47　安装安全组件

图7-48　紧固安全开关

图7-49　紧固进水盒组件

图7-50　安装控制板组件

（10）安装洗涤上盖

首先固定洗涤上盖于上面板上，再安装盖板弹簧，如图7-51、图7-52所示。

（11）安装电源线

首先在上面板上安装电源线，再将4个插头插入进水盒，如图7-53、图7-54所示。

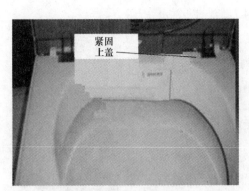

图 7-51　紧固上盖

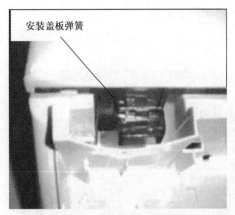

图 7-52　安装盖板弹簧

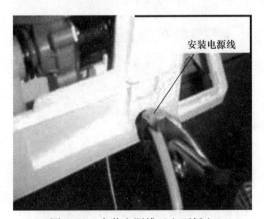

图 7-53　安装电源线于上面板上

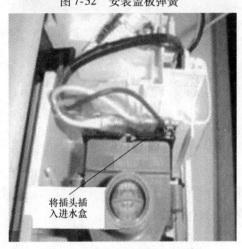

图 7-54　将 4 个插头插入进水盒

2. 组装内桶

（1）安装法兰

在内桶底部装上法兰，并用螺钉紧固，如图 7-55 所示。

（2）装循环水道

在脱水桶内装入循环水道，如图 7-56 所示。

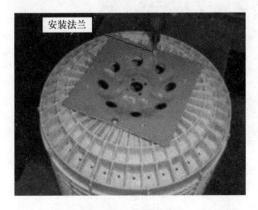

图 7-55　安装法兰

图 7-56　安装循环水道

（3）装平衡环

在内桶上安装平衡环，用螺钉紧固，如图7-57、图7-58所示。

图7-57　将平衡环装到内桶上

图7-58　紧固平衡环

3. 组装外桶

（1）钻孔

在外桶溢水口下方筋边钻一个孔，如图7-59所示。

（2）装离合器

首先将外桶取下，涂上润滑剂，再将离合器装在外桶上，然后用4个螺钉紧固，如图7-60所示。

（3）安装小传动轮

首先取下电动机并垫上绝缘板放在安装板电动机孔内，再安装小传动轮，然后用螺钉紧固并滴压氧胶，如图7-61所示。

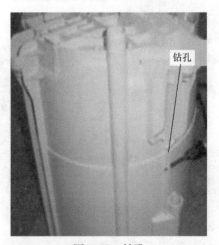

图7-59　钻孔

图7-60　紧固离合器

（4）装传动带

　　首先将绝缘板套于螺钉上，再套上传动带，然后用套好的绝缘板的螺钉紧固电动机，最后用导线束缚将电动机导线捆扎在安装板上，如图 7-62 所示。

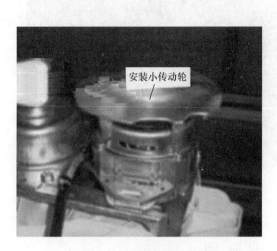

图 7-61　安装小传动轮

图 7-62　装传动带

（5）装地线及排水阀

　　首先用螺钉将地线固定于安装板上，然后将排水阀安装好，再将地线放入排水阀的束勾内，装上底栓，如图 7-63 所示。

（6）紧固排水阀及装转矩电动机

　　首先用螺钉分别将排水阀与安装板和外桶紧固，再安装转矩电动机，然后将电动机线整理好并放入排水阀束线勾内，最后紧固转矩电动机，如图 7-64、图 7-65、图 7-66所示。

图 7-63　安装地线及排水阀

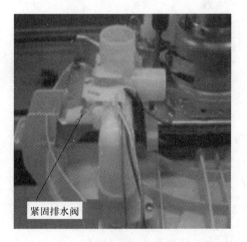

图 7-64　紧固排水阀

（7）安装保护架

　　用螺钉将保护架固定在安装板上，如图 7-67 所示。

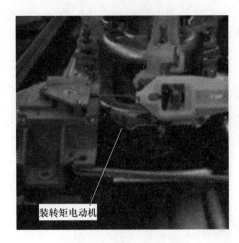

图 7-65　装转矩电动机

图 7-66　紧固转矩电动机

（8）装溢水软管

在溢水软管两端涂抹胶水并与外桶和排水阀相连，如图 7-68 所示。

图 7-67　安装保护架

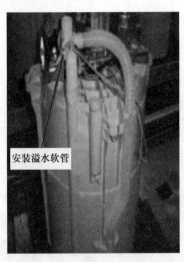

图 7-68　安装溢水软管

（9）安装吊杆

首先将防振橡胶垫套在吊杆上，然后将电动机侧的 1 根吊杆和非电动机侧的 3 根吊杆分别装在外桶上，如图 7-69 所示。

4. 总成组装

（1）装可调脚组件及缓冲垫

首先用可调脚套套住可调脚，再用螺母紧固，然后装上 3 个缓冲垫，如图 7-70、图 7-71所示。

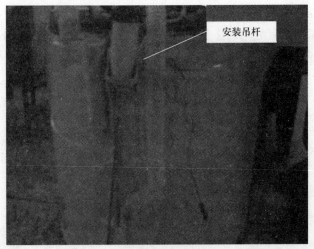

图 7-69　安装吊杆

图 7-70　紧固可调脚

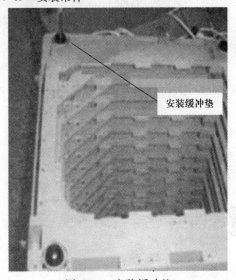

图 7-71　安装缓冲垫

（2）安装排水口盖及底托

首先将排水口盖安装到箱体上，再将底托安装于箱体上，并紧固，如图 7-72、图 7-73、图 7-74 所示。

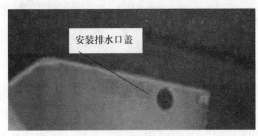

图 7-72　安装排水口盖

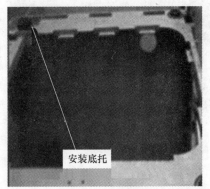

图 7-73　安装底托

（3）安装吊杆组件

首先在箱体的 4 个球窝处均匀涂抹凡士林并放上球座，再将一套吊杆组件用止退销装于箱体上，如图 7-75 所示。

图 7-74　紧固底托

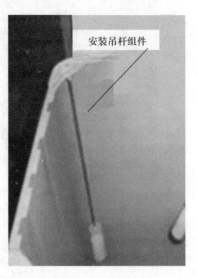

图 7-75　安装吊杆组件

（4）将溢水管、排水管组装到排水阀组件

首先在溢水管、排水管内口处涂抹一层胶水，再分别套在排水阀组件指定位置，如图 7-76 所示。

（5）紧固排水阀组件及转矩电动机

首先底托指定位置用螺钉固定排水阀，再将转矩电动机连接在排水阀拉杆上，并用螺钉紧固，如图 7-77 所示。

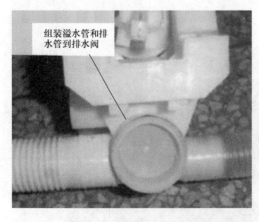

图 7-76　将溢水管、排水管组装到排水阀组件

图 7-77　紧固排水阀组件及转矩电动机

（6）安装上面板

首先将上面板放到箱体上，再取一个海绵套环装到上面板通气软管上，然后紧固，如图

7-78 ~ 图 7-80 所示。

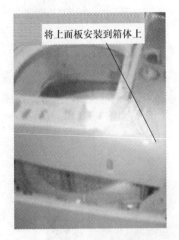

将上面板安装到箱体上

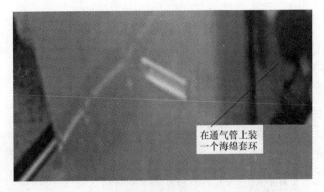

在通气管上装
一个海绵套环

图 7-78　将上面板放到箱体上　　　　图 7-79　在上面板通气软管上装一个海绵套环

（7）装排水内管

首先将排水内管连接外桶端加热后从箱体组件孔穿入箱体内，并在外桶连接端装上卡簧，再装到外桶上，然后将箱体上部导线束缚住并捆扎成线束，如图 7-81、图 7-82 所示。

紧固上面板

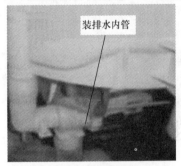

装排水内管

图 7-80　紧固上面板　　　　　　　图 7-81　装排水内管

（8）装电源线

首先将电源线穿过箱体后，将其插头插入相应的插座上（L、N、G），再卡入箱体卡口中，如图 7-83 所示。

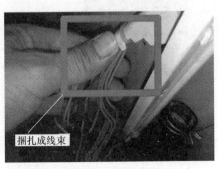

捆扎成线束

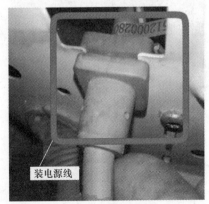

装电源线

图 7-82　捆扎导线　　　　　　　　　图 7-83　装电源线

（9）装箱体地线

首先用螺钉及螺母将垫有垫片的地线分别与箱体的两个地线孔预紧固，再用气枪紧固，如图7-84所示。

（10）连接通气软管

首先将卡簧套入加热后的通气软管，再在外桶通气孔处均匀涂抹胶水，然后将通气软管顺时针绕吊杆两圈后装到通气孔根部并卡好卡簧，最后将线束卡入中部两个导线卡内，如图7-85、图7-86所示。

图7-84　装箱体地线

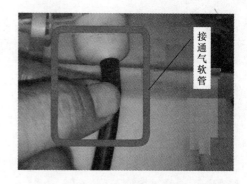

图7-85　连接通气软管

（11）装压接套管及缠绕线束并整理

首先安装并压合黄色、粉色、红色导线，再用绝缘胶布紧捆，然后装压接套管，如图7-87、图7-88所示。

图7-86　线束卡入中部两个导线卡内

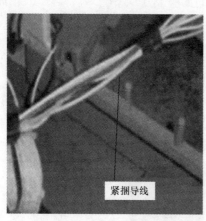

图7-87　紧捆导线

图7-88　装压接套管

（12）捆扎通气软管

将通气软管捆扎好并涂上凡士林，检查所有套管，如图7-89所示。

（13）包裹线头及黏防碰吸音棉

将线束包裹在扎线塑料袋内，并用胶带缠绕，然后黏防碰吸音棉，最后将捆扎好的线束放到箱底指定位置，如图7-90～图7-92所示。

图7-89　捆扎通气软管

图7-90　将线束包裹在扎线塑料袋内

图7-91　黏防碰吸音棉

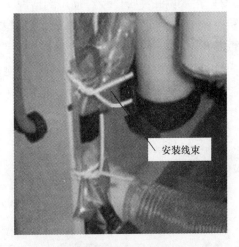

图7-92　将捆扎好的线束放到箱底指定位置

问诊 8 洗衣机维修专题

※Q1 检修洗衣机时有哪些注意事项？

1）首先要安全用电，尽量避免带电操作，而且要排尽洗衣机内的积水。

2）在安装或拆卸洗衣机时，要保管好零部件，尤其是小零件。

3）将洗衣机倾倒时，应在地面上垫一层软布或其他的软材料，保护好机壳。

4）检修电路时，必须先对电容器充分放电，以免电容器内的高压带来触电危险。

※Q2 如何检测洗衣机各部件？

1. 水位开关

1）用嘴吹水位开关管口或松开时检查是否有"咯嗒"声，并用嘴吹管口至开关动作时迅速封住管口检查是否有漏气。

2）在水位开关管口没有加压的情况下，检查常闭触点 P11 和 P12（见水位开关实物上的相应标注）之间是否为通路，P11 和 P13 是否为断开；而动作后检查常闭触点 P11 和 P12 是否断开，P11 和 P13 是否为通路。

3）当洗衣机桶内满水时，用万用表测量端子 P11 和端子 P13 之间的阻值是否正常（正常时应为 $0 \sim 50 \text{m}\Omega$）。图 8-1 为端子 P11 和端子 P13 之间的阻值。

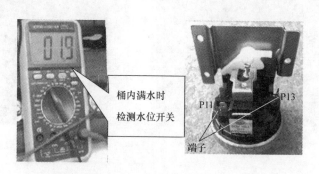

桶内满水时
检测水位开关

P11   P13

端子

图 8-1 满水时检测水位开关

4）当洗衣机桶内无水时，用万用表测量端子 P11 和端子 P13 之间阻值是否正常（正常时应为无穷大）。图 8-2 为端子 P11 和端子 P13 之间的阻值：

2. 进水电磁阀

首先将电路断开，测量进水电磁阀的阻值是否正常，若不正常，则说明进水电磁阀已损坏。电磁阀正常时阻值应为 $4.6 \text{k}\Omega$，如图 8-3 所示。

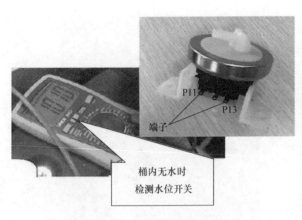

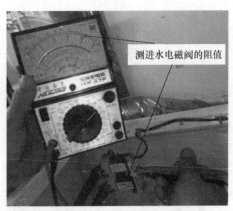

图 8-2　无水时检测水位开关　　　　　图 8-3　检测进水电磁阀

3. 串励电动机

1）首先将电动机护套中的端子 5 与端子 8 短接，并从端子 9 和端子 10 供电，检查电动机是否顺时针方向转动。

2）再将电动机护套端子 5 与端子 9 短接，并从端子 8 和端子 10 供电，检查电动机是否逆时针方向转动。

3）然后检测电动机护套中端子 6 与端子 7 处是否为常通状态；端子 5 与端子 10、端子 8 与端子 9、端子 3 与端子 4 之间是否有一定阻值。

> ※知识链接※　注：实物电动机护套上有端子号标志。

4）最后测量串励电动机的电阻值是否符合要求：定子的电阻值为 2.4 ~ 5Ω（见图 8-4）；转子的电阻值为 2.1 ~ 2.6Ω（见图 8-5）；电动机测速绕组的电阻值约为 68Ω（见图 8-6）。有些串励电动机还带有热保护器，热保护器的电阻值约为 110Ω（见图 8-7）。

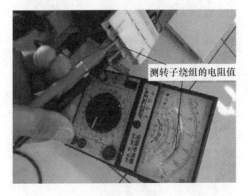

图 8-4　检测定子绕组的电阻值　　　　　图 8-5　检测转子绕组的电阻值

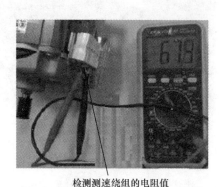

检测测速绕组的电阻值

图 8-6 检测电动机测速绕组的电阻值

测热保护器的电阻值

图 8-7 检测热保护器的电阻值

4. 门开关

1）检查洗衣机门钩和门锁的位置是否正常，关门是否到位，门锁及锁舌是否损坏。

2）将滑块向尾部推动，露出 PTC 元件挡块，再给 L（3）和 N（1）端子供电，观察 PTC 元件挡块是否迅速动作。

3）测量门锁端子 1 及端子 2 的电阻值，应为断路（见图 8-8）；门锁端子 3 及端子 2 电阻值约为 200Ω，若为无穷大或低于 150Ω，则为门锁故障（见图 8-9）。

检测门锁端子1和端子2的阻值

图 8-8 检测门锁端子 1 及端子 2 的阻值

检测门锁端子2和端子3的阻值

图 8-9 检测门锁端子 3 及端子 2 阻值

5. 电容器（见图 8-10）

1）首先用万用表的 1kΩ 或 10kΩ 高阻值测量，将两根表笔分别接到电容器的两个接线端子上。

2）若万用表指针不动，则说明电容器断路。

3）若万用表两端子间为通路，则说明电容器被击穿。

4）若万用表大幅度摆向位置方向再又回到几百千欧，说明电容器正常。

6. 排水电磁阀

测量排水电磁阀电动机端子 2（紫色）和端子 3（蓝色）之间的阻值（正常约为 13kΩ），若短路或断路，则为排水电磁阀电动机故障，如图 8-11 所示。

图 8-10 电容器实物

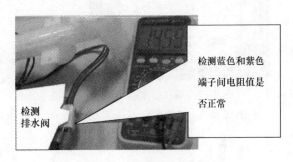

检测蓝色和紫色端子间电阻值是否正常

检测排水阀

图 8-11 检测排水电磁阀

7. 加热器

1）测量加热管两端电阻值是否为 27Ω（正常值），如图 8-12 所示。

检测加热管两端电阻值

图 8-12 检测洗衣机加热管

2）若测量为无穷大，则为加热管断路或熔丝动作；若为零，则为加热管短路。

3）测量温度传感器两端电阻值（20℃ 时约为 68kΩ），若偏离严重，则为温度传感器故障。

※Q3 如何更换洗衣机离合器？

1）首先将洗衣机平放在柔软的泡沫垫块上，拆下防鼠板，取出排水管，再松开箱体后盖板，如图 8-13、图 8-14 所示。

2）将排水管夹螺钉和两颗接地螺钉松开，如图 8-15 所示。

图 8-13 取出排水管

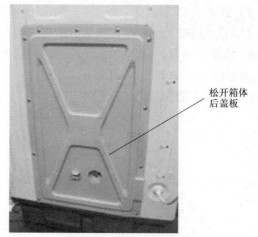

图 8-14 将箱体后盖板松开

3）把伸到外面的排水管拉入机器底座里并将内部连接线松开，如图 8-16 所示。

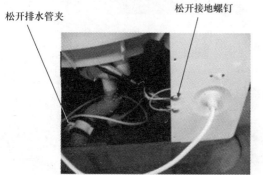

图 8-15 松开排水管管夹和接地螺钉

图 8-16 拉入排水管、松开内部连接线

4）将控制台后面的两颗螺钉松开，在不压坏安全开关的情况下拆开控制台组件，如图 8-17 所示。

5）从箱体上把外桶组件取下，如图 8-18 所示。

图 8-17 拆控制台组件

图 8-18 取下箱体上的外桶组件

6）把外桶部件翻转放在地面上，并将波轮螺钉松开，取出波轮，如图 8-19 所示。

7）将桶底的大螺母松开，取出内桶组件，如图 8-20、图 8-21 所示。

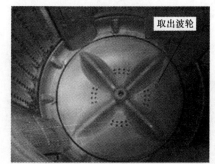

图 8-19　松开波轮螺钉

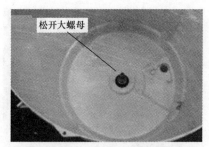

图 8-20　松开大螺母

8）将外桶组件扣在地上，然后把外桶保护架和离合器取下，如图 8-22、图 8-23 所示。

9）取一台新的离合器且在密封圈周围均匀地涂上润滑油，再把离合器限位垫片的位置调整好，如图 8-24 所示。

10）在外桶组件上安装离合器、传动带和外桶保护架，如图 8-25 所示。

11）把外桶组件重新装在箱体上，如图 8-26 所示。

12）安装控制台组件，如图 8-27 所示。

图 8-21　取出内桶组件

图 8-22　将外桶组件扣在地上

图 8-23　取下外桶保护架和离合器

图 8-24　调整新的离合器

图 8-25　装上离合器、传动带和外桶保护架

图 8-26　把外桶组件重新装在箱体上

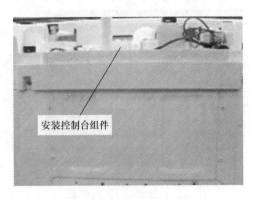

安装控制台组件

图 8-27　安装控制台组件

13）先连接线和端子，再把内部连接线端用胶布包好固定在箱体上，如图 8-28、图8-29 所示。

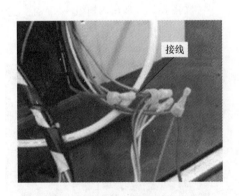

接线

图 8-28　接线

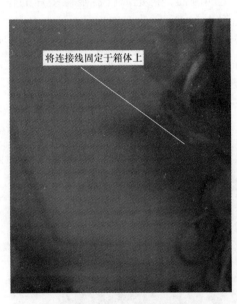

将连接线固定于箱体上

图 8-29　将连接线固定于箱体上

14）安装并固定好排水管，再对整机进行检测，最后装上箱体后盖板和防鼠板即可。

问诊9　洗衣机不能洗涤检修专题

※Q1　检修洗衣机不能洗涤的方法有哪些?

1. 波轮式洗衣机不洗涤检修方法

1）检查波轮是否卡死或损坏，若是则更换波轮。
2）检查传动带是否太松动或脱落，若是则更换传动带。
3）检查风叶轮紧固螺钉是否松动，若是则紧固螺钉。
4）检查接线和线束是否开路，若是则修复线路。
5）检测电动机的电阻是否异常或线路开路，若是则更换电动机。
6）检测电容器的容量是否不在标准范围内，若是则更换电容器。
7）检查离合器是否卡死，若是则更换离合器。
8）检测电脑板的电动机输出端是否没有电流，若是则更换电脑板。

2. 滚筒式洗衣机不洗涤检修方法

1）检查三角传动带是否松弛、磨损或打滑，若是则将电动机向后移，调紧传动带或更换传动带。
2）检查离合器输入齿轮与减速器输出齿轮是否磨损、打滑，若是则更换离合器。
3）检查电动机二次绕组引线或电容器引线内部是否短路，若是则更换电动机或电容器。
4）检查压力开关是否损坏，若是则更换压力开关。
5）检查程序控制器与进水电磁阀之间的线路是否未接通，若是则重新连接。
6）检查压力开关与程序控制器之间的线路是否未接通，若是则重新连接。
7）检查排水泵与电源回路是否未接通，若是则重新接通。
8）检查进水电磁阀是否损坏，若是则更换进水电磁阀。
9）检查选择洗涤开关是否损坏，若是则更换洗涤开关。
10）检查洗涤定时器是否损坏，若是则更换洗涤定时器。

※Q2　洗衣机不能洗涤故障检修实例

一、LG XQB42 –18M1 型洗衣机不能洗涤

图文解说：此类故障应重点检测控制电路。检修时具体检测电源开关是否损坏、电源线是否接触不良、洗涤电动机是否损坏、电动机电容器是否损坏。实际检修中因洗涤电动机损坏较为常见。洗涤电动机相关电路如图9-1所示。更换洗涤电动机后即可排除故障。

二、LG XQB50 – W3MT 型洗衣机不能洗涤

图文解说：此类故障应重点检测洗涤电动机是否损坏，电动机的电容器是否损坏，洗涤选择开关是否损坏。实际检修中因洗涤电动机损坏较为常见。洗涤电动机相关接线图如图9-2所示。更换洗涤电动机后即可排除故障。

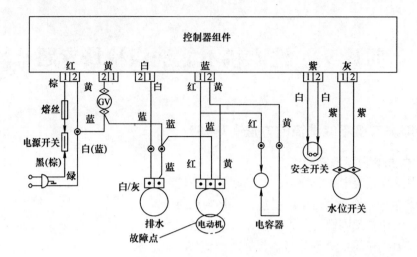

图 9-1　洗涤电动机相关电路

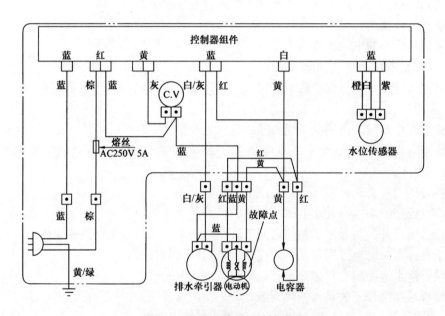

图 9-2　洗涤电动机相关接线图

三、澳柯玛 XPB85 – 2938S 型洗衣机不能洗涤

图文解说： 此类故障应重点检测洗涤电动机是否损坏，洗涤选择开关是否失灵，洗涤定时器是否损坏。实际检修中因洗涤电动机损坏较为常见。洗涤电动机相关接线图如图 9-3所示。更换洗涤电动机后即可排除故障。

四、东芝 VH – 1110B 型洗衣机不能洗涤

图文解说： 此类故障应重点检测洗涤电动机是否损坏，电动机电容器是否损坏，安全开关是否损坏。实际检修中因洗涤电动机损坏较为常见。洗涤电动机相关电路如图 9-4 所示。更换洗涤电动机后即可排除故障。

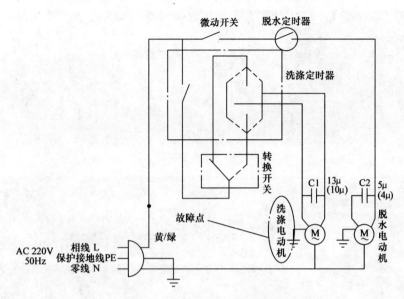

图 9-3 　洗涤电动机相关接线图

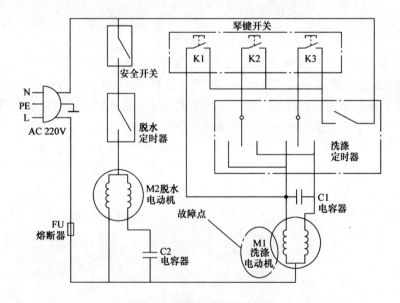

图 9-4 　洗涤电动机相关电路

五、海尔 XQB50 –10BPK 型洗衣机不能洗涤

图文解说: 此类故障应重点检测电脑板。检修时具体检测电脑板是否损坏,电脑板连接插件是否松脱。实际检修中因电脑板损坏较为常见。电脑板实物如图 9-5 所示。更换电脑板后即可排除故障。

六、海尔 XQB50 –7288A 型洗衣机不能洗涤

图文解说: 此类故障应重点检测电脑板。检修时具体检测洗涤电动机是否损坏,电动机的电容器是否损坏,电脑板是否不良。实际检修中因电脑板损坏较为常见。电脑板实物如图 9-6 所示。更换电脑板后即可排除故障。

图9-5　电脑板实物

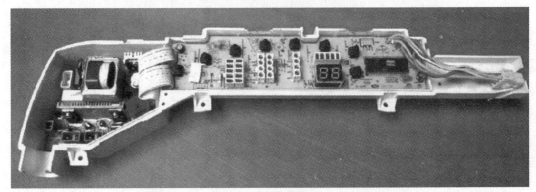

图9-6　电脑板实物

七、海尔 XQB60 – BZ12699 AM 型波轮式全自动洗衣机不能洗涤

图文解说：此类故障应重点检测程序控制器。检修时具体检测程序控制器是否损坏，变频驱动器是否损坏，熔丝是否烧坏。实际检修中因程序控制器损坏较为常见。程序控制器相关电路如图9-7所示。更换程序控制器后即可排除故障。

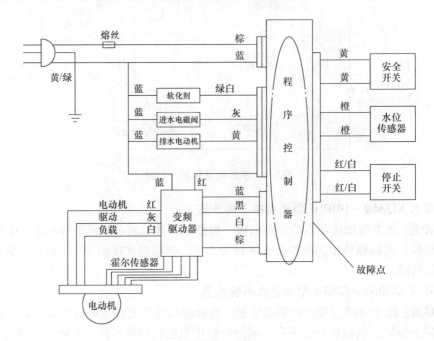

图9-7　程序控制器相关电路

八、海尔 XQG55－H10866 型滚筒式洗衣机洗涤异常

图文解说: 此类故障应重点检测门锁是否损坏,洗涤电动机是否不良,电动机的电容器是否损坏,驱动板是否损坏。实际检修中因驱动板损坏较为常见。驱动板实物如图 9-8 所示。更换驱动板后即可排除故障。

图 9-8   驱动板实物

九、海尔 XQSB70－128 型洗衣机不能洗涤

图文解说: 此类故障应重点检测电脑板控制电路。检修时具体检测洗涤电动机是否损坏,程序控制器是否损坏。实际检修中因程序控制器损坏较为常见。程序控制器相关接线图如图 9-9 所示。更换程序控制器后即可排除故障。

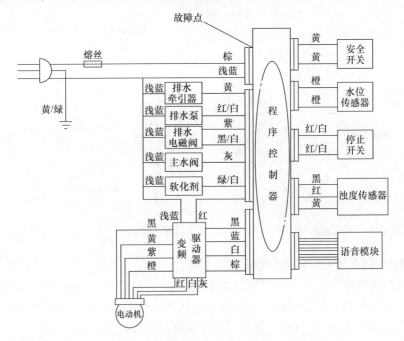

图 9-9   程序控制器相关接线图

十、海信 XPB48 – 27S 型洗衣机不能洗涤

图文解说： 此类故障应重点检测洗涤电路。检修时具体检测洗涤电动机是否损坏，洗涤定时器是否损坏，微动开关是否损坏。实际检修中因洗涤电动机损坏较为常见。洗涤电动机相关接线图如图 9-10 所示。更换洗涤电动机后即可排除故障。

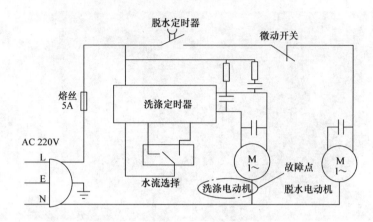

图 9-10　洗涤电动机相关接线图

十一、海信 XPB68 – 06SK 型洗衣机不能洗涤

图文解说： 此类故障应重点检测洗涤定时器是否损坏，洗涤电动机是否损坏，微动开关是否损坏。实际检修中因洗涤电动机损坏较为常见。洗涤电动机相关电路如图 9-11 所示。更换洗涤电动机后即可排除故障。

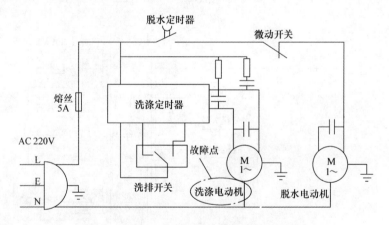

图 9-11　洗涤电动机相关电路

十二、海信 XQB50 – 166 型洗衣机不能洗涤

图文解说： 此类故障应重点检测电脑板控制电路。检修时具体检测程序控制器是否损坏，安全开关是否不良，洗涤电动机是否损坏。实际检修中因程序控制器损坏较为常见。程序控制器相关电路如图 9-12 所示。更换程序控制器后即可排除故障。

十三、海信 XQB55 – 8066 型洗衣机不能洗涤

图文解说： 此类故障应重点检测程序控制器电路。检修时具体检测水位传感器是否损

坏，电动机是否损坏，5A 熔丝是否损坏，安全开关是否损坏。实际检修中因电动机损坏较为常见。电动机相关电路如图 9-13 所示。更换电动机后即可排除故障。

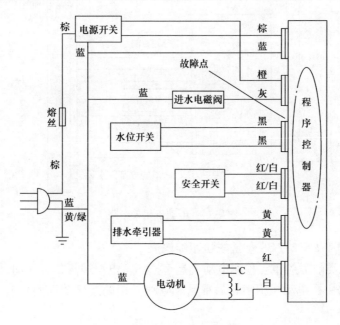

图 9-12 程序控制器相关电路

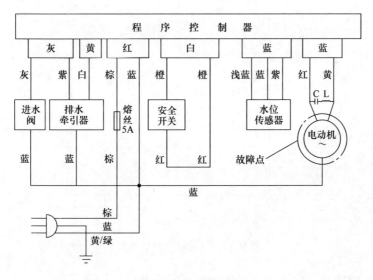

图 9-13 电动机电路

十四、海信 XQB60-2131 型洗衣机不能洗涤

图文解说： 此类故障应重点检测门开关是否损坏，电动机是否损坏，电容器是否损坏，程序控制器是否损坏。实际检修中因电动机损坏较为常见。电动机相关电路如图 9-14 所示。更换电动机后即可排除故障。

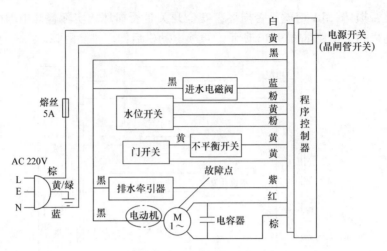

图 9-14　电动机相关电路

十五、惠而浦 WFS1277CS 型洗衣机不能洗涤

图文解说：此类故障应重点检测电动机是否损坏，电源插头是否松动，程序控制器是否有故障。实际检修中因电动机损坏较为常见。电动机相关接线图如图 9-15 所示。更换电动机后即可排除故障。

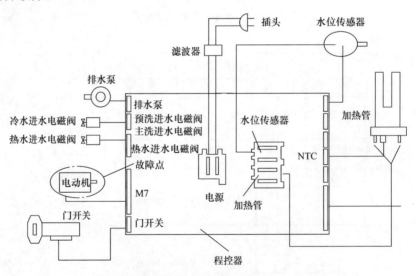

图 9-15　电动机相关接线图

十六、金羚 XQB30 -11 型全自动洗衣机洗涤无力

图文解说：此类故障应重点检测传动传动带是否松弛，电动机内部是否不良，起动电容器的电容量是否变小，离合器带轮是否有异常。实际检修中因电动机不良较为常见。洗涤电动机实物如图 9-16 所示。更换电动机后即可排除故障。

十七、金羚 XQB75 -A7558 型洗衣机不能洗涤

图文解说：此类故障应重点检测程序控制器。检修时具体检测电动机是否损坏，电动机起动电容器是否损坏，机盖开关是否损坏，程序控制器是否损坏。实际检修中因程序控制器

损坏较为常见。程序控制器相关电路如图 9-17 所示。更换程序控制器后即可排除故障。

图 9-16　洗涤电动机实物

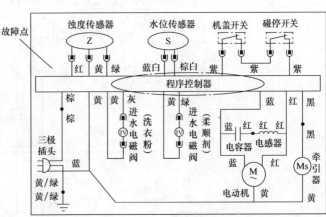

图 9-17　程序控制器相关电路

十八、康佳 XQG60-6081W 型洗衣机不能洗涤

图文解说：此类故障应重点检测电源电路。检修时具体检测电源开关是否损坏、电源电压是否正常。实际检修中因电源开关损坏较为常见。电源开关相关接线图如图 9-18 所示。更换电源开关后即可排除故障。

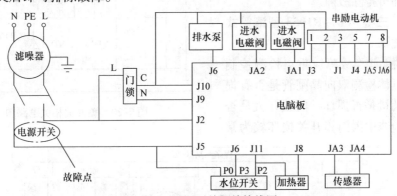

图 9-18　电源开关相关接线图

十九、日立 PAF-720 型洗衣机不能洗涤

图文解说：此类故障应重点检测程序控制器。检修时具体检测交流电源电压是否为220V 正常，程序控制器是否损坏，安全开关及程序选择开关是否损坏。实际检修中程序选择开关损坏较为常见。程序选择开关相关接线图如图 9-19 所示。更换程序选择开关后即可排除故障。

二十、荣事达 XQB60-538 型全自动洗衣机不能洗涤

图文解说：此类故障应重点检测 VD10、VD12 是否损坏；安全开关是否损坏，洗涤电动机是否损坏。实际检修中因安全开关损坏较为常见。安全开关相关电路如图 9-20 所示。更换安全开关后即可排除故障。

二十一、荣事达 XQB60-727G 型洗衣机不能洗涤

图文解说：此类故障应重点检测程序控制器是否损坏，电动机是否不良，电动机起动电

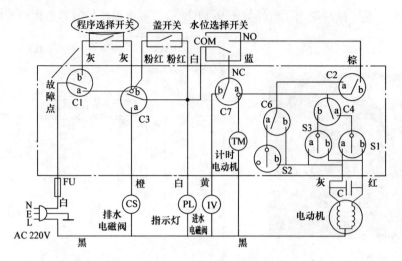

图 9-19　程序选择开关相关接线图

容器是否损坏。实际检修中因电动机起动电容器损坏较为常见。电动机起动电容器相关电路如图 9-21 所示。更换电动机起动电容器后即可排除故障。

二十二、三星 WF – R1053 型滚筒式洗衣机不能洗涤

　　图文解说：此类故障应重点检测控制板。检修时具体检测双向晶闸管是否有损坏，洗涤电动机是否损坏，门锁开关是否损坏。实际检修中因门锁开关损坏较为常

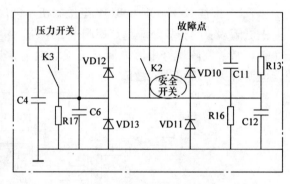

图 9-20　盖开关相关电路图

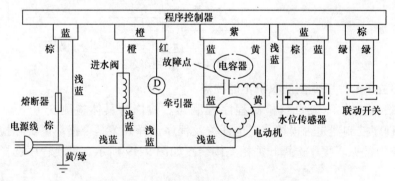

图 9-21　电动机起动电容相关电路图

见。门锁开关相关接线图如图 9-22 所示。更换门锁开关后即可排除故障。

二十三、三星 XQB60 – C85Y 型全自动洗衣机不能洗涤

　　图文解说：此类故障应重点检测电脑板控制电路。检修时具体检测主电动机是否损坏，电动机起动电容器是否损坏。实际检修中因主电动机损坏较为常见。主电动机相关接线图如图 9-23 所示。更换主电动机后即可排除故障。

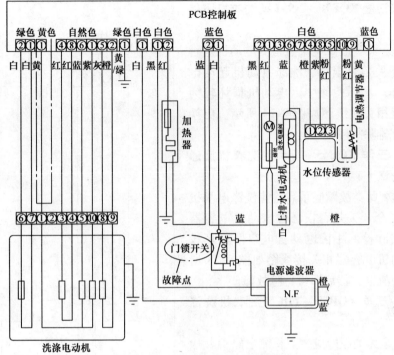

图 9-22 门锁开关相关接线图

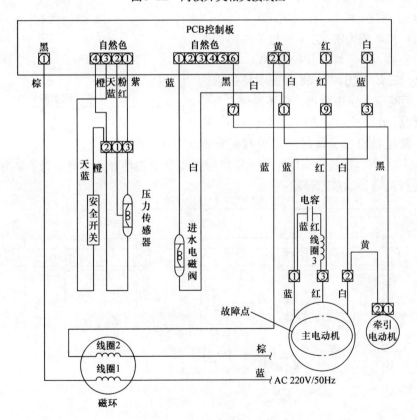

图 9-23 主电动机相关电路

二十四、三星 XQB70 – N99I 型洗衣机不能洗涤

图文解说: 此类故障应重点检测电动机是否损坏、选择开关是否损坏、洗涤电动机起动电容器是否损坏。实际检修中因电动机损坏较为常见。电动机相关接线图如图 9-24 所示。更换电动机后即可排除故障。

二十五、三洋 XQB45 – 448 型洗衣机接通电源后不能洗涤

图文解说: 此类故障应重点检测洗涤电动机是否损坏,安全开关是否损坏,电动机电容器是否损坏。实际检修中因电动机电容器损坏较为常见。电动机电容器相关接线图如图 9-25 所示。更换电动机电容器后即可排除故障。

二十六、三洋 XQB55 – 118 型洗衣机洗涤失常

图文解说: 此类故障应重点检测电路板。检修时具体检测集成电路 IC4、IC6 及外围元器件是否有损坏。实际检修中因光耦合器 IC6（PCB17 – C）损坏较为常见。IC6 相关电路如图 9-26 所示。更换 IC6 后即可排除故障。

二十七、三洋 XQB60 – 88 型洗衣机进水达到设定水位后可进入洗涤程序,但不洗涤

图文解说: 此类故障应重点检测离合器。检修时具体检测电动机白、黄线间是否有正常的 220V 交流电压,离合器是否损坏。实际检修中因离合器损坏较为常见。离合器实物如图 9-27 所示。更换离合器后故障排除。

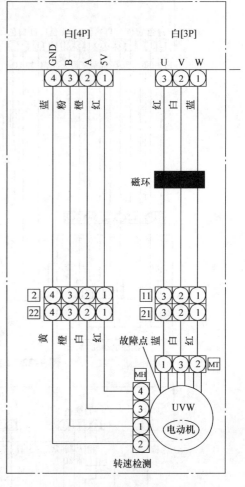

图 9-24　电动机相关接线图

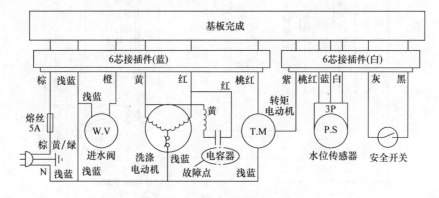

图 9-25　电动机电容器相关接线图

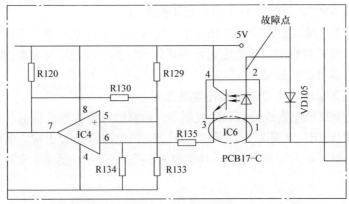

图 9-26　IC6 相关电路

图 9-27　离合器实物

二十八、水仙 XPB20 – 5923SD 型洗衣机不能洗涤

图文解说：此类故障应重点检测洗涤电动机是否损坏，微动开关是否损坏，熔断器是否熔断。实际检修中因洗涤电动机损坏较为常见。洗涤电动机相关电路如图 9-28 所示。更换洗涤电动机后即可排除故障。

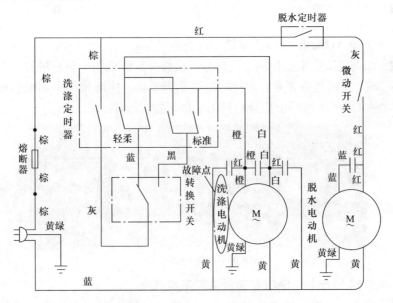

图 9-28　洗涤电动机相关电路

二十九、水仙 XPB78 –5718SD 型洗衣机不能洗涤

图文解说：此类故障应重点检测洗涤电路。检修时具体检测洗涤电动机是否损坏，洗涤定时器是否损坏。实际检修中因洗涤定时器损坏较为常见。洗涤定时器实物如图9-29 所示。更换洗涤定时器后即可排除故障。

三十、小天鹅 XQB30 –8 型洗衣机不能洗涤（一）

图文解说：此类故障应重点检测程序控制器。检修时具体检测洗涤电动机起动电容器是否正常，双向晶闸管 TR1 与 TR2 是否损坏，T1、T2 的电阻值是否正常。实际检修中因双向晶闸管 TR1、TR2 损坏较为常见。TR1、TR2 相关电路如图9-30 所示。更换 TR1、TR2 后即可排除故障。

图9-29　洗涤定时器实物

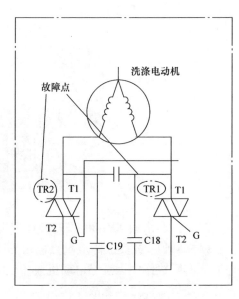

图9-30　TR1、TR2 相关电路

三十一、小天鹅 XQB30 –8 型洗衣机不能洗涤（二）

图文解说：此类故障应重点检测电气部分。检修时具体检测电脑板的红、黄脚和蓝脚之间交替输出的 220V 电压是否正常，程序控制器是否损坏。实际检修中因电脑板损坏较为常见。电脑板实物如图9-31 所示。更换电脑板后即可排除故障。

图9-31　电脑板实物

三十二、小天鹅 XQB40 –868FC 型洗衣机不能洗涤

图文解说：此类故障重点检测电气系统。检修时具体检测电动机传动带是否有打滑现象，电脑板的电动机正、反转信号是否正常，双向晶闸管 TR2、TR4 是否损坏，电容器 C7、

C16、C9、C13 是否损坏。实际检修中因双向晶闸管 TR2 损坏较为常见。TR2 相关电路如图 9-32 所示。更换即可排除故障。

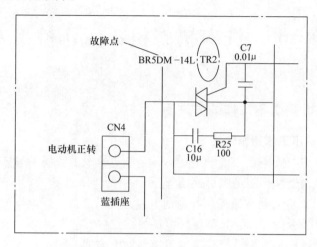

图 9-32　TR2 相关电路

三十三、小天鹅 XQG50 –801 型洗衣机不能洗涤

图文解说：此类故障应重点检测程序控制器。检修时具体检测电源电压是否正常，洗涤电动机起动电容器是否损坏，电动机接线是否有异常，程序控制器是否损坏。实际检修中因程序控制器损坏较为常见。更换程序控制器后即可排除故障。

三十四、小鸭 TFMA832 型洗衣机洗涤失常

图文解说：此类故障应重点检测洗涤电路。检修时具体检测接线插座和控制电路的电动机接线是否有异常，电动机的电容器 CD 是否损坏，水位控制器触点是否接触不良。实际检修中因水位控制器触点腐蚀较为常见。水位控制器实物如图 9-33 所示。更换水位控制器后故障排除。

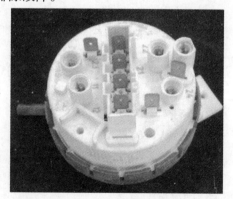

图 9-33　水位控制器实物

三十五、小鸭 XQG50S –892 型洗衣机不能洗涤

图文解说：此类故障应重点检测洗涤电路。检修时具体检测机械程序控制器是否损坏，洗涤电动机是否有异常，电容器 CD 是否损坏。实际检修中因电容器 CD 损坏较为常见。更换电容器 CD 后即可排除故障。

问诊 10 洗衣机整机不工作检修专题

※Q1 检修洗衣机整机不工作的方法有哪些?

1. 波轮式洗衣机不工作检修方法

1)检查电源插头与插座是否接触不良,若是则更换电源线插头或插座。

2)检查熔丝是否烧断,若是则更换熔丝。

3)检查 ON/OFF 开关是否损坏,若是则更换开关。

4)检查电动机是否损坏,若是则更换电动机。

5)检查滤波电容器是否失效,若是则更换滤波电容器。

6)检查程序控制器是否损坏,若是则更换程序控制器。

7)检查制动是否抱死,若是则更换制动。

2. 滚筒式洗衣机不工作检修方法

1)检查洗衣机门是否关好,若未关好则将门关好。

2)检查自来水压是否过小,若是则等水压正常后再开启。

3)检查进水电磁阀是否损坏,若是则更换进水电磁阀。

4)检查微动开关是否损坏,若是则更换微动开关。

5)检查各接线端子是否接触不良,若是则重新连接。

6)检查程序控制器是否损坏,若是则更换程序控制器。

※Q2 洗衣机整机不工作故障检修实例

一、LG T16SS5FDH 型洗衣机不工作

图文解说: 此类故障应重点检测电源电压是否正常,熔丝是否烧断,门锁开关是否正常。实际检修中因门锁开关损坏较为常见。门锁开关相关接线图如图 10-1 所示。更换门锁开关后即可排除故障。

二、LG XQB60 –58SF 型洗衣机不工作

图文解说: 此类故障应重点检测熔丝是否烧坏,电动机是否损坏,变压器是否损坏。实际检修中因熔丝烧坏较为常见。熔丝相关接线图如图 10-2 所示。更换熔丝后即可排除故障。

三、TCL XQB40 –20S 型洗衣机不工作

图文解说: 此类故障应重点检测控制电路。检修时具体检测电脑板是否损坏。实际检修中因电脑板损坏较为常见。电脑板实物如图 10-3 所示。更换电脑板后即可排除故障。

四、长虹 XQB60 –756CS 型洗衣机不工作

图文解说: 此类故障应重点检测电脑板控制电路。检修时具体检测选择开关是否损坏,电脑板是否损坏。实际检修中因电脑板损坏较为常见。电脑板实物如图 10-4 所示。更换电脑板后即可排除故障。

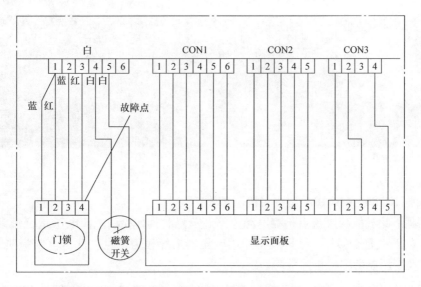

图 10-1　门锁开关相关接线图

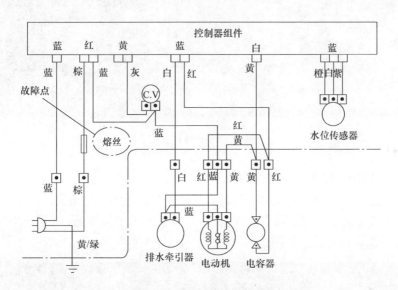

图 10-2　熔丝相关接线图

图 10-3　电脑板实物

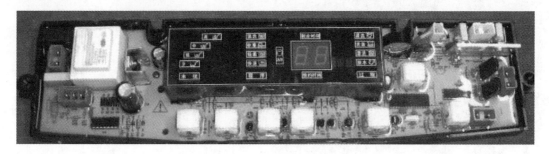

图 10-4　电脑板实物

五、长虹 XQB60 – G618A 型洗衣机不工作

图文解说：此类故障应重点检测电源电路。检修时具体检测电源电压是否正常，变压器是否损坏，门开关是否损坏。实际检修中因变压器损坏较为常见。此机电脑板实物如图 10-5 所示。更换变压器后即可排除故障。

图 10-5　电脑板实物

六、长虹 XQB70 –756C 型洗衣机不工作

图文解说：此类故障应重点检测电脑板。检修时具体检测主电动机是否损坏，起动电容器是否损坏，电脑板是否损坏。实际检修中因电脑板损坏较为常见。电脑板实物如图 10-6 所示。更换电脑板后即可排除故障。

图 10-6　电脑板实物

七、东芝 XQB65 – EFD 波轮式洗衣机不工作

图文解说：此类故障应重点检测电源开关是否损坏，电源线是否有损坏，电动机是否损坏，水位传感器是否损坏。实际检修中因水位传感器损坏较为常见。水位传感器相关接线图

如图 10-7 所示。更换水位传感器后即可排除故障。

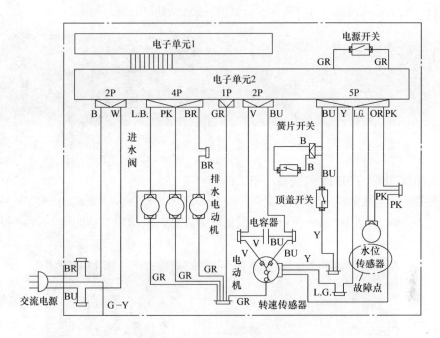

图 10-7 水位传感器相关接线图

八、海尔 XQB40 – F 型洗衣机突然停止工作

图文解说：此类故障应重点检测电动机的任一相与零线之间的电阻值是否正常，熔断器是否熔断，电容器两端子之间的电阻值是否正常。实际检修中因电容器损坏较为常见。电容器相关电路如图 10-8 所示。更换电容器后即可排除故障。

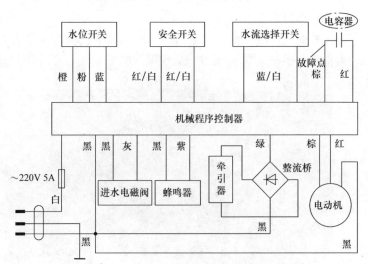

图 10-8 电容器相关电路

九、海尔 XQB56 – A 型洗衣机指示灯不亮且不工作

图文解说：检修时重点检测电源插座两极间是否有 220V 电压，插头与插座是否接触良

好，程序控制器单芯插座之间的电阻值是否正常，电脑板是否损坏。实际检修中因电脑板损坏较为常见。电脑板实物如图 10-9 所示。更换电脑板后即可排除故障。

图 10-9　电脑板实物

十、海尔 XQB60 – M918 型洗衣机不工作

图文解说：此类故障应重点检测安全开关是否损坏，程序控制器的电脑程序是否损坏，电源开关是否损坏。实际检修中因电脑板损坏较为常见。电脑板实物如图 10-10 所示。更换电脑板后即可排除故障。

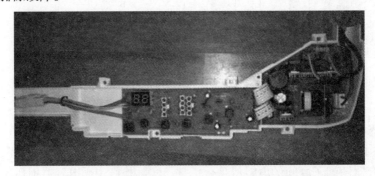

图 10-10　电脑板实物

十一、海尔 XQB70 – M918 型洗衣机脱水时不工作

图文解说：此类故障应重点检测程序控制器是否损坏，洗衣机盖板是否盖好。实际检修中因盖板未盖好较为常见。盖板实物如图 10-11 所示。将盖板盖好后即可排除故障。

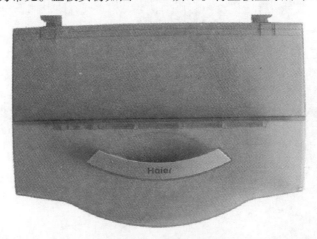

图 10-11　盖板实物

十二、海尔 XQBM23 - 10 型洗衣机不工作

图文解说：此类故障应重点检测电动机是否损坏，熔丝是否熔断，门盖开关是否损坏。实际检修中因电动机损坏较为常见。电动机相关电路如图 10-12 所示。更换电动机后即可排除故障。

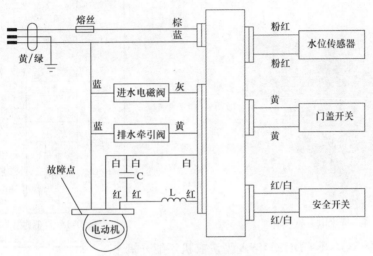

图 10-12 电动机相关电路

十三、海尔 XQG50 - BS808A 型全自动滚筒式洗衣机接通电源不工作

图文解说：此类故障应重点检测开关稳压电源电路。检修时重点检测 C13 两端电压是否正常，IC7 的第 1 脚电压是否正常。实际检修中因 IC7 内部损坏较为常见。IC7 相关电路如图 10-13 所示。更换 IC7 后故障排除。

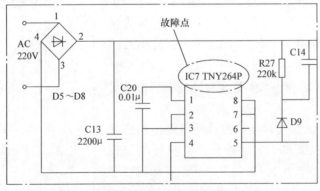

图 10-13 IC7 相关电路

十四、海尔 XQG50 - H 型洗衣机突然停止工作

图文解说：此类故障应重点检测电动机是否损坏，电容器是否有异常，电磁铁绕组电阻值是否正常。实际检修中因排水电磁铁损坏较为常见。排水电磁铁实物如图 10-14 所示。更换排水电磁铁后即可排除故障。

十五、海尔 XQG60 - QHZ1068H 型洗衣机不工作

图文解说：此类故障应重点检测电源电压是否正常，电源插头是否损坏，门锁是否损坏。实

际检修中因门锁损坏较为常见。门锁相关接线图如图 10-15 所示。更换门锁后即可排除故障。

图 10-14　排水电磁铁实物

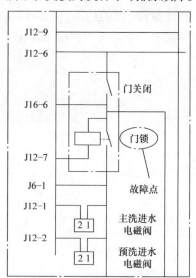

图 10-15　门锁相关接线图

十六、海尔 XQG90 – DHZ1189A 型洗衣机不能开机

图文解说：此类故障应重点检测门锁开关是否损坏，起动选择开关是否损坏。实际检修中因门锁开关损坏较为常见。门锁开关相关电路如图 10-16 所示。更换门锁开关后即可排除故障。

十七、美菱 XQB75 – 8028 型洗衣机不工作

图文解说：此类故障应重点检测电脑板控制电路。检修时具体检测门锁开关是否损坏，电源电压是否正常，电脑板是否损坏。实际检修中因电脑板损坏较为常见。电脑板实物如图 10-17 所示。更换电脑板后即可排除故障。

十八、荣事达 XQB60 – 538 型全自动洗衣机通电后不工作

图文解说：此类故障应重点检测执行电路。检修时具体检测晶体管 VT10 ~ VT13 是否损坏，执行晶闸管 VS1 ~ VS4 是否开路，R26 及 C9 是否损坏。实际检修中因 VS1 损坏较为常见。VS1 相关电路如图 10-18 所示。更换 VS1 后即可排除故障。

十九、三星 XQB70 – N99I 型洗衣机排水时不工作

图文解说：此类故障应重点检测控制板控制电路。检修时具体检测电源电压是否正常，牵引电动机是否损坏，滤波器是否损坏。实际检修中因牵引电动机损坏较为常见。牵引电动机相关接线图如图 10-19 所示。更换牵引电动机后即可排除故障。

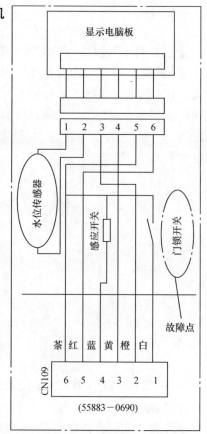

图 10-16　门锁开关相关电路

图 10-17 电脑板实物

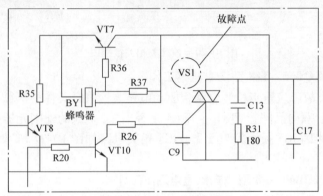

图 10-18 VS1 相关电路

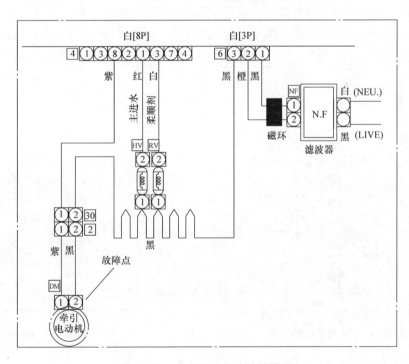

图 10-19 牵引电动机相关接线图

二十、三洋 XQB50 –1076 型洗衣机不工作

图文解说：此类故障应重点检测进水阀是否损坏，盖开关是否损坏，桶开关是否损坏。实际检修中因盖开关损坏较为常见。盖开关相关接线图如图 10-20 所示。更换盖开关后即可

排除故障。

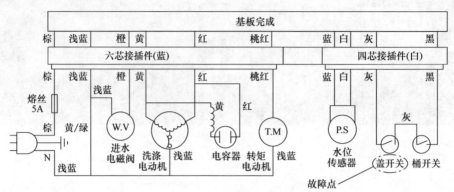

图 10-20　盖开关相关接线图

二十一、三洋 XQB55 –118 型洗衣机不工作

图文解说：此类故障应重点检测电脑板驱动电路。检修时具体检测微处理器 IC1 的各脚工作电压是否正常，双向晶闸管 TRC1 ~TRC4 是否正常，IC5 的外围元器件及电源电压是否有异常。实际检修中因 IC5 损坏较为常见。IC5 相关电路如图 10-21 所示。更换 IC5 后即可排除故障。

二十二、三洋 XQB60 –88 型洗衣机通电后不工作

图文解说：此类故障应重点检测电脑板。检修时具体检测进水电磁阀是否损坏、晶体管 Q102 ~ Q106、Q108 ~Q111 是否损坏，微处理器 IC1（LC6408A）是否损坏。实际检修中因 Q108 损坏较为常见。Q108 相关电路如图 10-22 所示。更换 Q108 后即可排除故障。

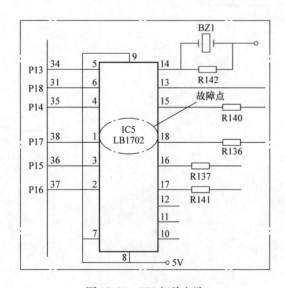

图 10-21　IC5 相关电路

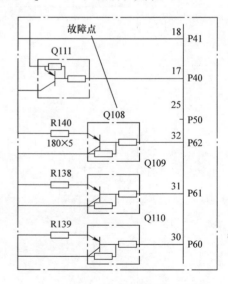

图 10-22　Q108 相关电路

二十三、三洋 XQB60 –S808 型洗衣机不工作

图文解说：此类故障应重点检测电源电压是否正常，导线是否断落，电动机是否损坏，洗涤定时器是否损坏。实际检修中因洗涤定时器损坏较为常见。洗涤定时器实物如图 10-23 所示。更换洗涤定时器后即可排除故障。

二十四、三洋 XQB70 – 388 型洗衣机不工作

图文解说： 此类故障应重点检测安全开关是否损坏，门锁开关是否损坏，电动机是否损坏，电动机起动电容图是否损坏，进水阀是否损坏。实际检修中因进水阀损坏较为常见。进水阀相关接线图如图 10-24 所示。更换进水阀后即可排除故障。

二十五、三洋 XQG55 – L832CW 型洗衣机不工作

图文解说： 此类故障应重点检测控制板。检修时具体检测继电器是否损坏，门锁组件是否损坏。实际检修中因继电器损坏较为常见。继电器相关接线图如图 10-25 所示。更换继电器后即可排除故障。

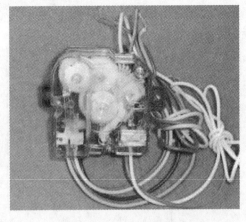

图 10-23　洗涤定时器实物

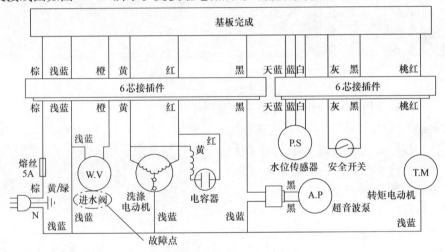

图 10-24　进水阀相关接线图

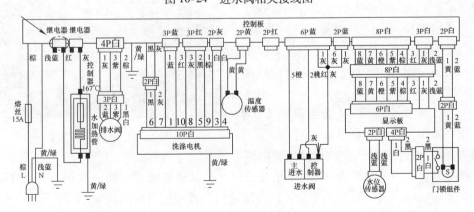

图 10-25　继电器相关接线图

二十六、三洋 XQG80 – 518HD 型洗衣机不工作

图文解说： 此类故障应重点检测风扇电动机是否损坏，变压器是否损坏，工作选择键是

否损坏。实际检修中因变压器损坏较为常见。变压器相关电路如图 10-26 所示。更换变压器后即可排除故障。

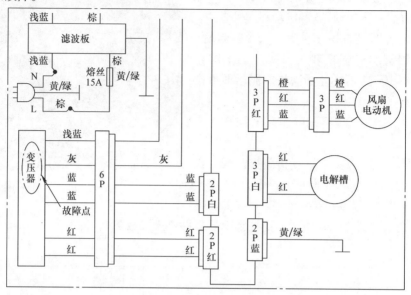

图 10-26　变压器相关电路图

二十七、申花 XPB78 – 2010SA 型洗衣机整机不工作

图文解说： 此类故障应重点检测电源总熔丝是否熔断，电源线接触是否不良，电动机绕组是否损坏，波轮是否被异物卡住，定时器是否损坏。实际检修中因洗涤定时器损坏较为常见。洗涤定时器实物如图 10-27 所示。更换洗涤定时器后即可排除故障。

二十八、松下 XQB75 – H771U 型洗衣机不工作

图文解说： 此类故障应重点检测门锁电路。检修时具体检测洗择开关是否损坏，门锁是否损坏。实际检修中因门锁开关损坏较为常见。门锁开关实物如图 10-28 所示。更换门锁后即可排除故障。

二十九、威力 XQB30 – 1 型全自动洗衣机接通电源不工作，指示灯也不亮

图文解说： 此类故障应重点检测电源电路。

图 10-27　洗涤定时器实物

检修时测量电源插座上交流 220V 电压是否正常，电脑板电源变压器一次侧是否有 220V 交流电压。实际检修中因电源变压器损坏较为常见。电源变压器实物如图 10-29 所示。更换电源变压器后即可排除故障。

三十、西门子 XQB60 – 6068 型洗衣机不工作

图文解说： 此类故障应重点检测电脑板。检修时具体检测变压器是否烧坏，熔丝是否熔

断，电脑板是否损坏。实际检修中因电脑板损坏较为常见。电脑板实物如图 10-30 所示。更换电脑板后即可排除故障。

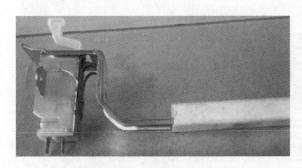

图 10-28 门锁开关实物

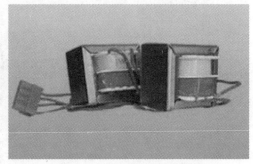

图 10-29 电源变压器实物

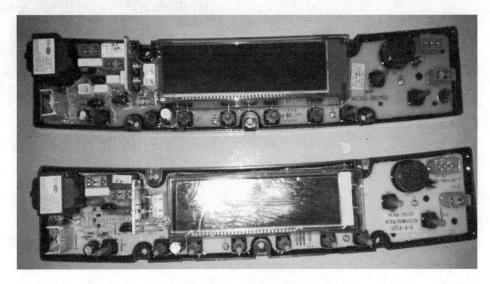

图 10-30 电脑板实物

三十一、西门子 XQG62－WS12M4680W 型洗衣机不工作

图文解说：此类故障应重点检测电源开关是否损坏，门锁开关是否损坏。实际检修中因门锁开关损坏较为常见。门锁开关实物如图 10-31 所示。更换门锁开关后即可排除故障。

三十二、小天鹅 Q3268G 型洗衣机不能正常工作

图文解说：此类故障应重点检测电脑板。检修时具体检测电源电压是否正常，电动机是否工作，电脑板是否损坏。实际检修中因电脑板损坏较为常见。电脑板实物如图10-32所示。更换电脑板后即可排除故障。

很多维修人员在维修该洗衣机时，往往不安装控制盖板外壳直接开始试机，这样很

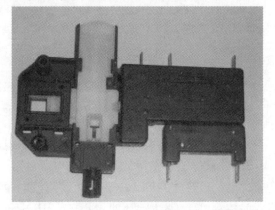

图 10-31 门锁开关实物

图 10-32　电脑板实物

容易出现脱水功能显示故障代码 E3、系统报警等后停止工作，容易导致进入维修的误区，判断电脑板存在故障。应安装控制盖板外壳后再试机，因为该机的按键外壳上有一个开关（与微动开关类似），这个开关是靠磁性控制的，控制盖板外壳没安装的话不能感应到洗衣机门是否关闭，导致误报脱水故障代码 E3。若安装控制盖板外壳后还出现 E3 报警，则分别短接电路板中 CN7 和 CN8 内的触脚（见图 10-33），可消除报警。

出现故障代码 E3 等时，如图用导线两两短接(试机)

注:这两个插座为门开关报警插座

图 10-33　短接电路板中 CN7 和 CN8 内的触脚

三十三、小天鹅 XQB30 –8 型洗衣机工作失常

图文解说：此类故障应重点检测控制驱动电路公共部分。检修时具体检测微处理器 14021WFW 的第 19 脚电压是否正常，晶体管 BG12 的各极工作电压是否损坏，R26 及 R27 是否损坏。实际检修中因 R27 损坏较为常见。R27 相关电路如图 10-34 所示。更换 R27 后即可排除故障。

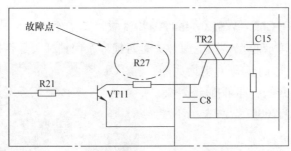

图 10-34　R27 相关电路

三十四、小天鹅 XQB40 –868FC 型洗衣机不工作（一）

图文解说：此类故障应重点检测电源电路。检修时具体检测电源开关和电源连接线是否正常，电脑板熔丝 FUSE1 是否损坏，滤波电容器 C22 是否损坏，压敏电阻器 ZNR1 是否不良，晶体管 Q7、Q8 是否不良，BD1、ZD1 是否损坏，电阻器 R33、R32 是否不良。实际检修中因 R33 损坏较为常见。R33 相关电路如图 10-35 所示。更换 R33 后即可排除故障。

三十五、小天鹅 XQB40 –868FC 型洗衣机不工作（二）

图文解说：此类故障应重点检测电源插座是否损坏，变压器 T1 是否损坏，BD1 是否损坏。实际检修中因变压器 T1 损坏较为常见。变压器 T1 相关电路如图 10-36 所示。更换变压器 T1 后即可排除故障。

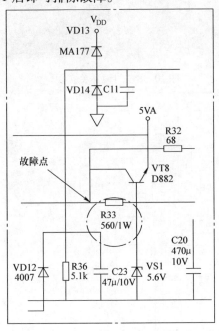

图 10-35　R33 相关电路

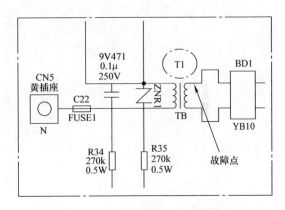

图 10-36　变压器 T1 相关电路

三十六、小天鹅 XQB40 – 868FG 型全自动洗衣机不工作

图文解说：此类故障应重点检测电源电路。检修时具体检测电源插头是否损坏，电源线是否接触不良，进水电磁阀是否损坏，变压器是否损坏，Z1 是否损坏。实际检修中因 Z1 损坏较为常见。Z1 相关电路如图 10-37 所示。更换 Z1 后即可排除故障。

三十七、小天鹅 XQB45 –131G 型洗衣机不工作

图文解说：此类故障应重点检测门锁是否损坏，程序控制器是否损坏，电源插头是否断开。实际检修中因门锁开关损坏较为常见。门锁开关实物如图 10-38 所示。更换门锁开关后即可排除故障。

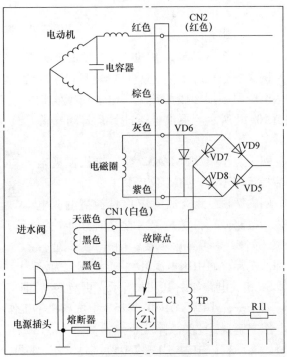

图 10-37　Z1 相关电路

三十八、小天鹅 XQB60-818B 型全自动洗衣机通电后不工作

图文解说: 此类故障应重点检测电源电路和单片机电路。检修时具体检测 IC1（LM7805）第 3 脚是否有 5V 电压输出，C8 及 R8 是否正常，晶体振荡器 X1 是否损坏。实际检修中因 C8 损坏较为常见。C8 相关电路如图 10-39 所示。更换 C8 后即可排除故障。

图 10-38　门锁开关实物

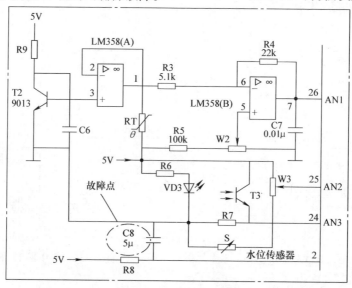

图 10-39　C8 相关电路

三十九、小天鹅 XQG50-801 型洗衣机不工作

图文解说: 此类故障应重点检测门开关位置是否有偏移，电子门锁是否损坏。实际检修中因电子门锁损坏较为常见。电子门锁实物如图 10-40 所示。更换电子门锁后即可排除故障。

四十、小鸭 TEMA832 型洗衣机接通电源后指示灯不亮，整机不工作

图文解说: 此类故障应重点检测电源电路输入电路及门开关电路。检修时具体检测电源开关 S1 是否接触不良，门开关 S2 是否损坏。实际检修中因电源开关 S1 损坏较为常见。S1 相关电路如图 10-41 所示。更换 S1 后即可排除故障。

图 10-40　电子门锁实物

四十一、小鸭 XQB60-815B 型洗衣机不工作

图文解说: 此类故障应重点检测 IC1（7805）是否损坏，VT1 是否损坏，C1、C2 是否损坏。实际检修中因 IC1（7805）损坏较为常见。IC1（7805）相关电路如图 10-42 所示。更换 IC1 后即可排除故障。

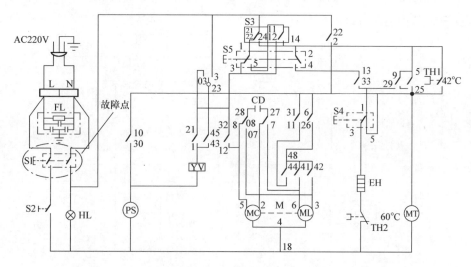

图 10-41 S1 相关电路

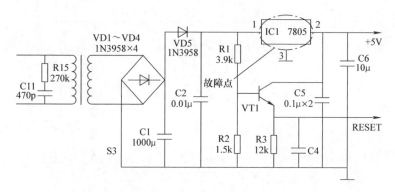

图 10-42 IC1 (7805) 相关电路

四十二、小鸭 XQG50 – 60711 型洗衣机接通电源后起动不工作，显示故障代码"E1"

图文解说： 此类故障应重点检测门开关电路。检修时具体检测门是否关好，门开关位置是否发生位移，门开关线头是否脱落或损坏，电动门锁是否损坏。实际检修中因门开关损坏较为常见。门开关实物如图 10-43 所示。更换门开关后即可排除故障。

图 10-43 门开关实物

四十三、新乐 XQB50 – 6027A 型洗衣机不工作

图文解说： 此类故障应重点检测电源电路。检修时具体检测电源电压是否正常，电源开关是否损坏。实际检修中因电源开关损坏较为常见。电源开关相关接线图如图 10-44 所示。

更换电源开关后即可排除故障。

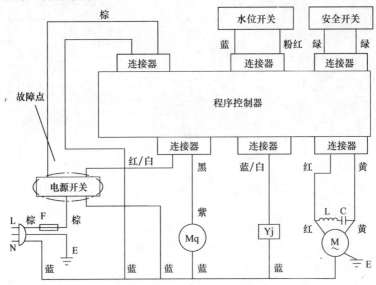

图 10-44　电源开关相关接线图

问诊 11　洗衣机噪声大（有异常响声）检修专题

※Q1　检修洗衣机噪声大（有异常响声）的方法有哪些？

1. 波轮式洗衣机噪声大（有异常响声）的检修方法

1）检查吊杆是否缺油，若是则在箱体 4 角吊杆处均匀涂油。

2）检查波轮下是否有异物，若是则清理异物。

3）检查散热轮紧固螺钉及电动机紧固螺钉是否松动，若是则紧固螺钉。

4）检查电动机是否有异常噪声，若有则更换电动机。

5）检查传动带是否有磨损及飞边，若有则更换传动带。

6）检查减速离合器运转时是否有异常噪声，若有则更换减速离合器。

7）检查波轮轴与密封圈之间是否缺少润滑油，若是则添加润滑油。

2. 滚筒式洗衣机噪声大（有异常响声）的检修方法

1）检查洗衣机是否放置平稳，若未放平稳则重新放置。

2）检查电动机轴承或传动轴轴承磨损是否过大或碎裂，若是则更换轴承（见图 11-1）。

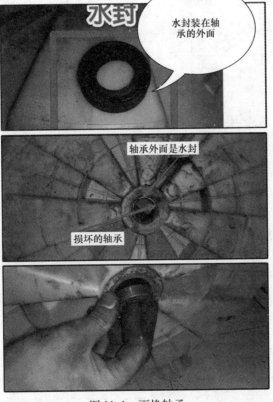

图 11-1　更换轴承

※知识链接※ 更换轴承时应一并更换水封，因为拆旧轴承时有可能会损坏水封。

3）检查传动带是否过松或过紧，若是则重新调整传动带。

4）检查紧固件是否松动，若是拧紧紧固件。

5）检查洗涤电动机的防振橡胶圈是否变质或脱落，若是则换上防振橡胶圈。

6）检查脱水内桶与脱水外桶之间是否有异物，若是则将异物取出。

7）检查排水阀上的调节杆螺母是否松动或磨损，若是则更换螺母。

8）检查吊簧的弹簧是否变形导致长度不一或弹性失效，若是则更换吊簧。

9）检查减振器是否损坏，若是则更换减振器。

10）检查三角支架总成是否变形导致晃动，若是则更换滚筒。

11）检查排水泵风扇叶是否变形与泵体相碰撞，若是则修理风扇叶。

※Q2 洗衣机噪声大（有异常响声）故障检修实例

一、LG XQB70-17SG 型洗衣机噪声大

图文解说：检修时重点检查传动带是否过松或过紧，紧固件是否松动，洗涤电动机的防振橡胶圈是否变质。实际检修中因洗涤电动机防振橡胶圈变质较为常见。洗涤电动机相关接线图如图11-2所示。更换洗涤电动机后即可排除故障。

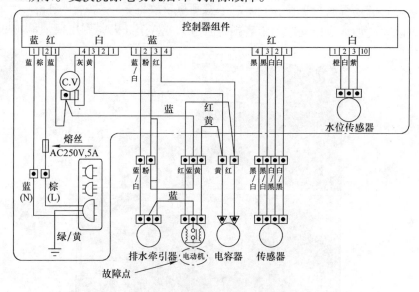

图11-2 洗涤电动机相关接线图

二、LG XQB42-308SN 型洗衣机洗涤时有异常响声

图文解说：此类故障应重点检测洗涤电动机传动带是否过紧，内桶是否有异物，吊杆是否松动。实际检修中因吊杆松动较为常见。吊杆实物如图11-3所示。重新调整吊杆后即可排除故障。

三、TCL XQB60-221 型洗衣机脱水时噪声较大

图文解说：此类故障应重点检测离合器是否磨损过大，机体内是否有螺钉松动。实际检修中因离合器损坏较为常见。离合器实物如图11-4所示。更换离合器后即可排除故障。

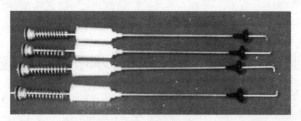

图 11-3　吊杆实物

四、海尔 XQG50－BS708A 型全自动洗衣机洗涤过程中突然噪声增大

图文解说：此类故障应重点检测排水通道是否正常，水泵线圈的直流电阻值是否为 155Ω（正常），T6、T5 是否不良，驱动管 Q6 是否开路。实际检修中因 Q6 开路较为常见。更换 Q6 后即可排除故障。

五、金羚 XQB30－11 型全自动洗衣机脱水时有异常响声

图文解说：此类故障应重点检测洗衣机是否放置不平衡，脱水桶与波轮连接处是否有杂物，平衡圈是否不良，离合器固定螺母是否松动。实际检修中因离合器固定螺母松动较为常见。离合器实物如图 11-5 所示。拧紧离合器固定螺母后即可排除故障。

图 11-4　离合器实物

图 11-5　离合器实物

六、三洋 XQB60－B830S 型洗衣机发出异常响声

图文解说：此类故障应重点检测转矩电动机是否有异常，脱水桶内是否有异物，制动块是否放置不当。实际检修中因电动机不良较为常见。转矩电动机相关接线图如图 11-6 所示。更换转矩电动机后即可排除故障。

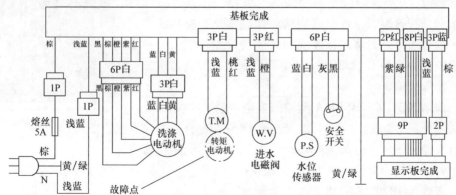

图 11-6　转矩电动机相关接线图

问诊 12 洗衣机漏水检修专题

※Q1 检修洗衣机漏水的方法有哪些?

1. 波轮式洗衣机漏水检修方法

1)检查排水电磁阀是否被异物卡住,若是则清理异物。

2)检查排水电磁阀阀塞是否不封水,若是则更换阀塞。

3)检查电脑板排水晶闸管是否击穿,若是则更换电脑板。

4)检查溢水管是否破裂,若是则更换溢水管。

5)检查紧固波轮轴的紧固螺母是否松脱,若是则紧固螺母。

6)检查波轮轴的密封圈是否破裂,若破裂则更换密封圈。

2. 滚筒式洗衣机漏水检修方法

1)检查洗涤桶是否破裂,若是则更换洗涤桶。

2)检查排水管是否划破,若是则更换排水管。

3)检查排水管与桶底部或排水管与排水阀连接处是否密封不严,若则重新密封处理。

4)检查排水电磁阀橡胶圈是否老化开裂或失去弹性,若是则更换排水电磁阀橡胶圈。

※Q2 洗衣机漏水故障检修实例

一、LG T60MS33PDE1 波轮式洗衣机漏水

图文解说:此类故障应重点检测进水管及水龙头连接处是否有漏水,排水电磁阀是否损坏,排水管是否有裂缝。实际检修中因排水电磁阀损坏较为常见。排水电磁阀实物如图12-1 所示。更换排水电磁阀后即可排除故障。

二、TCL XQB60 –121S 型洗衣机排水时漏水

图文解说:此类故障应重点检测排水管路。检修时具体检测排水管是否破裂,排水电磁阀堵芯橡胶塞是否损坏。实际检修中因排水电磁阀堵芯橡胶塞损坏较为常见。排水电磁阀堵芯橡胶塞实物如图 12-2 所示。更换排水电磁阀堵芯橡胶塞后即可排除故障。

图 12-1 排水电磁阀实物

三、海尔 XQG50 –BS808A 型滚筒式全自动洗衣机漏水

图文解说:此类故障应重点检测排水管是否破裂,洗涤桶是否有裂缝,排水电磁阀橡胶圈是否老化开裂。实际检修中因排水管破裂较为常见。排水管实物如图 12-3 所示。更换排水管后即可排除故障。

四、海信 XQB70 –C8328 型洗衣机漏水

图文解说:此类故障应重点检测进水管路。检修时具体检测进水管接头是否松动,进水管是否破裂。实际检修中因进水管接头松动较为常见。进水管接头实物如图 12-4 所示。重

图 12-2 排水电磁阀堵芯橡胶塞实物

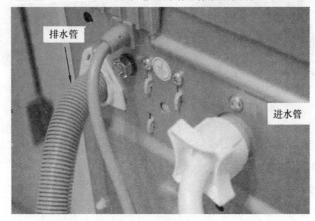

图 12-3 排水管实物

新拧紧或更换进水管接头后即可排除故障。

图 12-4 进水管接头实物

五、金羚 XQB30－11 型全自动洗衣机排水管漏水

图文解说: 此类故障应重点检测水封橡胶皮碗是否老化损坏,排水管与连接口的黏接是否不好,水封橡胶皮碗接触面是否有异物,波轮轴的密封圈是否老化。实际检修中因波轮轴的密封圈老化较为常见。波轮轴密封圈实物如图 12-5 所示。更换波轮轴的密封圈后即可排除故障。

六、荣事达 XPB50－18S 型洗衣机洗涤时漏水

图文解说: 此类故障重点检测洗衣桶底部是否有裂缝,波轮轴是否锈蚀,外桶是否损坏。实际检修中因洗衣机桶底部有裂缝较为常见。洗衣机桶底实物如图 12-6 所示。更换洗

衣机桶后即可排除故障。

桶底有裂缝

图 12-5　波轮轴密封圈实物

图 12-6　洗衣机桶底实物

七、三星 XQB70 – N981/SC 型洗衣机漏水

图文解说：此类故障应重点检测波轮轴套上的螺母是否松动，F 形水管是否有脱胶，软管及接头是否有异常。实际检修中因波轮轴套上的螺母松动较为常见。波轮实物如图 12-7 所示。重新拧紧波轮轴上的螺母后即可排除故障。

八、夏普 XPB36 – 3S 型洗衣机底部漏水

图文解说：此类故障应重点检测波轮轴套上的塑料螺母是否松动，双连桶部 E 形水管是否脱胶。实际检修中因 E 形水管脱胶较为常见。更换 E 形水管后即可排除故障。

九、小天鹅 XQB40 – 868FG 型全自动洗衣机漏水

图文解说：此类故障应重点检测排水管与桶底是否密封不严，排水电磁阀阀塞是否不密封，溢水管是否破裂。实际检修中因排水电磁阀阀塞损坏较为常见。排水电磁阀阀塞实物如图 12-8 所示。更换排水电磁阀阀塞后即可排除故障。

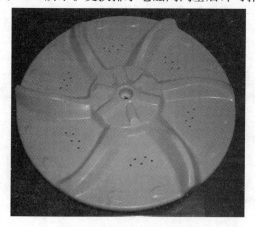

图 12-7　波轮相关实物图

图 12-8　排水电磁阀阀塞实物

问诊 13　洗衣机不排水或排水不畅检修专题

※Q1　检修洗衣机不排水或排水不畅的方法有哪些?

1. 波轮式洗衣机不排水或排水不畅的检修方法

1) 检查排水电磁阀或排水管是否被异物堵塞, 若是则清理排水电磁阀或排水管。

2) 检查电脑板或程序控制器输出端电压是否正常, 若不正常则检查导线组件是否接触不良。

3) 检查选择开关是否装错, 若是则重新装好旋钮。

4) 检查洗涤桶排水口处是否有异物堵塞, 若是则清理桶内异物。

5) 检查排水拉杆与橡胶阀门的间隙是否过大, 若是则适当调小排水拉杆与橡胶阀门的间隙。

2. 滚筒式洗衣机不排水或排水不畅的检修方法

1) 检查排水旋钮内孔是否磨损严重, 若是则更换排水旋钮。

2) 检查排水拨杆是否损坏, 若是则更换排水拨杆。

3) 检查排水拉带是否过长或断开, 若是则更换排水拉带。

4) 检查排水电磁阀弹簧弹性是否太大, 若是则更换排水阀弹簧。

5) 检查排水电磁阀上的调节杆螺母是否松动, 若松动则重新固定。

6) 检查排水电磁阀里是否有异物堵塞, 若是则清理排水电磁阀。

7) 检查排水泵及其管道是否被异物堵塞, 若是则清理异物、疏通管道。

8) 检查排水泵通电线路插头是否松动或开路, 若是则接通线路。

9) 检查程序控制器是否未给排水泵供电, 若是则更换程序控制器。

10) 检查排水电磁阀动铁心阻尼是否过大或吸力变小, 若是则清除电磁铁内的锈蚀、污物或更换排水电磁阀。

※Q2　洗衣机不排水或排水不畅故障检修实例

一、LG T16SS5FDH 型洗衣机不排水

图文解说: 此类故障应重点检测排水电路。检修时具体检测离合器电动机是否损坏, 排水电磁阀是否损坏, 排水管路是否有异物堵塞。实际检修中因排水电磁阀损坏较为常见。排水电磁阀相关接线图如图 13-1 所示。更换排水电磁阀后即可排除故障。

二、LG XQB45 – 3385N 型洗衣机不排水

图文解说: 此类故障应重点检测排水牵引器是否损坏, 控制板是否控制失灵。实际检修中因排水牵引器损坏较为常见。排水牵引器相关接线图如图 13-2 所示。更换排水牵引器后即可排除故障。

三、LG XQB50 – S32ST 型全自动洗衣机洗衣正常但不排水

图文解说: 此类故障应重点检测排水牵引器是否损坏, 排水选择开关是否损坏, 排水拉

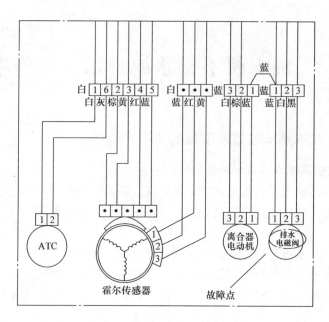

图 13-1　排水电磁阀相关接线图

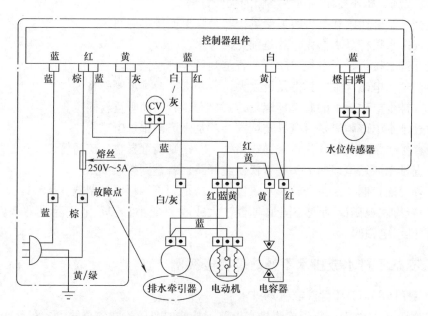

图 13-2　排水牵引器相关接线图

带是否过长。实际检修中因排水牵引器损坏较为常见。排水牵引器相关接线图如图 13-3 所示。更换排水牵引器后即可排除故障。

四、LG XQB70 – 26SA 型洗衣机不排水

图文解说：此类故障应重点检测排水电磁阀是否损坏，离合器是否损坏。实际检修中因排水电磁阀损坏较为常见。排水电磁阀相关接线图如图 13-4 所示。更换排水电磁阀后即可排除故障。

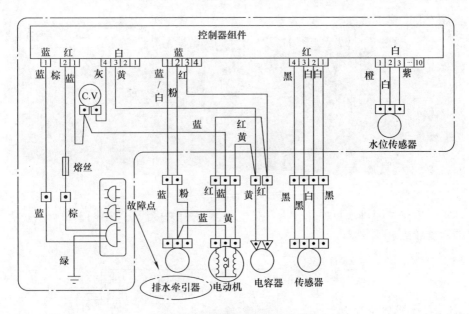

图 13-3　排水牵引器相关接线图

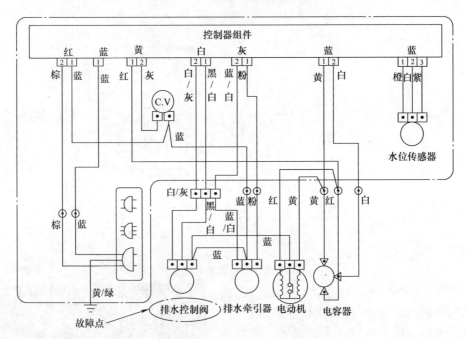

图 13-4　排水电磁阀相关接线图

五、LG XQB42 –308SN 型洗衣机不排水

图文解说：此类故障应重点检测控制系统。检修时具体检测排水泵是否损坏，选择开关是否损坏，电脑板是否损坏。实际检修中因电脑板损坏较为常见。电脑板实物如图 13-5 所示。更换电脑板后即可排除故障。

六、澳柯玛 XQG70 –1288R 型洗衣机不排水

图文解说：此类故障应重点检测排水系统。检修时具体检测排水泵是否损坏，电动机是

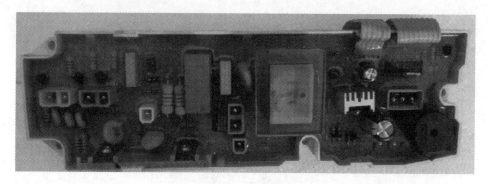

图 13-5　电脑板实物

否起动。实际检修中因排水泵损坏较为常见。排水泵相关接线图如图 13-6 所示。更换排水泵后即可排除故障。

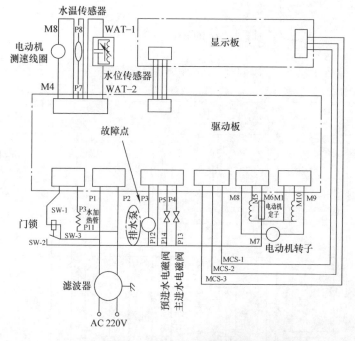

图 13-6　排水泵相关接线图

七、海尔 XPB85 – 187S 型洗衣机不排水

图文解说： 此类故障应重点检测排水系统。检修时具体检测排水电磁阀是否损坏、排水电磁阀橡胶阀门是否损坏。实际检修中因排水电磁阀损坏较为常见。排水电磁阀实物如图 13-7 所示。更换排水电磁阀后即可排除故障。

八、海尔 XQB40 – C 型洗衣机不排水

图文解说： 此类故障应重点检测排水电磁铁是否损坏，门开关是否有异常，排水微电动机是否工作。实际检修中因排水微电动机损坏较

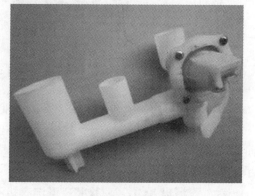

图 13-7　排水阀实物

为常见。微电动机实物如图 13-8 所示。更换微电动机后即可排除故障。

九、海尔 XQB45 – 20A 型洗衣机不排水

图文解说：此类故障应重点检测排水电路。检修时具体检测电磁铁是否损坏，排水管是否堵塞。实际检修中因排水电磁铁损坏较为常见。排水电磁铁相关电路如图 13-9 所示。更换排水电磁铁后即可排除故障。

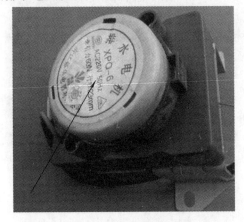

图 13-8　微电动机实物

图 13-9　排水电磁铁实物

十、海尔 XQG50 – BS808A 型滚筒式全自动洗衣机进入排水程序不排水，显示故障代码"Err2"

图文解说：此类故障应重点检测排水泵线圈的直流电阻值是否为 155Ω（正常），T5 是否短路，电阻器 R16、R24 是否损坏，Q6 是否开路。实际检修中因 Q6 开路较为常见。Q6 相关电路如图 13-10 所示。更换 Q6 后即可排除故障。

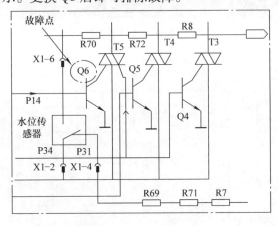

图 13-10　Q6 相关电路

十一、海尔 XQG50 – G 型洗衣机排水不畅

图文解说：此类故障应重点检测牵引器是否损坏，排水管是否弯曲变形及堵塞，电磁铁线圈是否不良，排水拉杆是否不良。实际检修中因排水牵引器损坏较为常见。排水牵引器实物如图 13-11 所示。更换排水牵引器后即可排除故障。

十二、海尔 XQS50－28 型洗衣机不排水

图文解说： 此类故障应重点检测洗衣机的排水电磁阀是否有堵塞现象，排水电动机牵引器是否工作，排水电动机是否损坏，电脑板是否损坏。实际检修中因电脑板损坏较为常见。电脑板实物如图 13-12 所示。更换电脑板后即可排除故障。

十三、海信 XQB65－2135 型波轮式洗衣机不排水

图文解说： 此类故障应重点检测排水控制电路。检修时具体检测排水牵引器是否损坏，排水管是否堵塞。实际检修中因排水牵引器损坏较为常见。排水牵引器相关电路如图 13-13 所示。更换排水牵引器后即可排除故障。

十四、金羚 XQB30－11 型全自动洗衣机移动后排水不正常

图 13-11　牵引器实物

图文解说： 此类故障应重点检测排水电磁阀牵引拉索是否松弛，机身排水管是否过于弯曲。实际检修中因排水电磁阀牵引拉索松弛较为常见。排水电磁阀实物如图 13-14 所示。更换排水电磁阀后即可排除故障。

图 13-12　电脑板实物

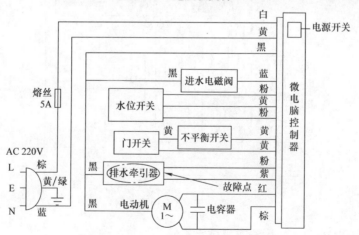

图 13-13　排水牵引器相关电路

十五、金羚 XQB65－A207E 型洗衣机不排水

图文解说： 此类故障应重点检测排水控制电路。检修时具体检测牵引器是否损坏，排水管路是否有异常，程序控制器是否损坏。实际检修中因牵引器损坏较为常见。牵引器相关接

线图如图 13-15 所示。更换牵引器后即可排除故障。

十六、荣事达 XQB42–878FG 型洗衣机不排水

图文解说：此类故障应重点检测排水电动机是否损坏，排水管是否漏气。实际检修中因排水电动机损坏较为常见。排水电动机实物如图 13-16 所示。更换排水电动机后即可排除故障。

十七、荣事达 XQB52–988C 型全自动洗衣机不能排水及脱水

图文解说：此类故障应重点检测排水电磁阀及控制电路。检修时具体检测排水电磁阀线圈电阻值是否正常，排水电磁铁是否损坏。实际检修中因排水电磁铁损坏较为常见。排水电磁铁实物如图 13-17 所示。更换排水电磁铁后即可排除故障。

图 13-14　排水电磁阀实物

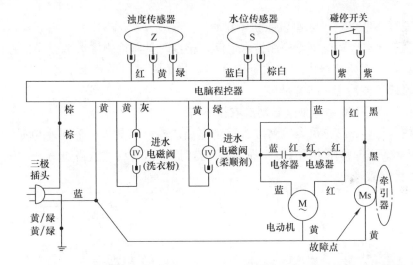

图 13-15　牵引器相关接线图

图 13-16　排水电动机实物

图 13-17　排水电磁铁实物

十八、荣事达 XQB60 –538 型全自动洗衣机不排水

图文解说： 此类故障应重点检测排水控制及执行电路。检修时具体检测 VS3 控制极是否有高电平脉冲，VT12、R28 是否正常，VD16 ~ VD20 是否损坏。实际检修中因 VS3 损坏较为常见。VS3 相关电路如图 13-18 所示。更换 VS3 后即可排除故障。

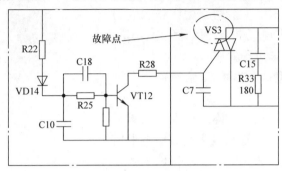

图 13-18　VS3 相关电路

十九、三洋 XQB45 –448 型洗衣机不排水

图文解说： 此类故障应重点检测排水电路。检修时具体检测排水牵引器是否损坏、排水电磁阀是否损坏。实际检修中因排水牵引器损坏较为常见。排水牵引器实物如图 13-19 所示。更换排水牵引器后即可排除故障。

二十、三洋 XQB60 –88 型全自动洗衣机不排水

图文解说： 此类故障应重点检测排水控制电路。检修时具体检测排水电磁阀是否损坏，TRC3 是否损坏。实际检修中因 TRC3 损坏较为常见。TRC3 相关电路如图 13-20 所示。更换 TRC3 后即可排除故障。

图 13-19　排水牵引器实物

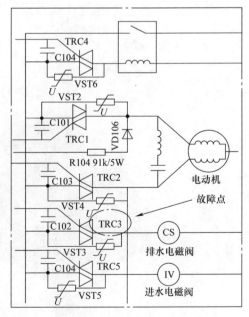

图 13-20　TRC3 相关电路图

二十一、三洋 XQG80 −518HD 型洗衣机不排水

图文解说： 此类故障应重点检测电源开关是否损坏，排水电磁阀是否不良、主控制板是否损坏。实际检修中因排水电磁阀损坏较为常见。排水电磁阀相关电路如图 13-21 所示。更换排水电磁阀后即可排除故障。

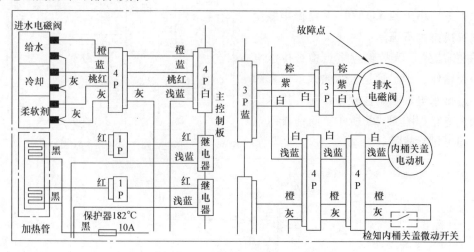

图 13-21　排水电磁阀相关电路

二十二、小天鹅 TB55 −V1068 型洗衣机不排水

图文解说： 此类故障应重点检测排水机械系统。检修时具体检测排水电磁阀是否损坏，离合器是否损坏。实际检修中因离合器损坏较为常见。离合器实物如图 13-22 所示。更换离合器后即可排除故障。

二十三、小天鹅 XQB30 −8 型全自动洗衣机排水不畅

图文解说： 此类故障应重点检测排水管路是否有异常、排水电磁阀橡胶门是否变形，排水拉杆运动是否正常，排水牵引器是否工作失常。实际检修中因排水牵引器损坏较为常见。排水牵引器实物如图 13-23 所示。更换排水牵引器后即可排除故障。

图 13-22　离合器实物

图 13-23　排水牵引器实物

二十四、小天鹅 XQB30 −8 型全自动洗衣机排水时不能排水或排水不止

图文解说： 此类故障应重点检测排水电磁阀。检修时具体检测排水电磁阀是否损坏，

MS开关是否不良。实际检修中因排水电磁阀内部不良较为常见。排水电磁阀电路如图13-24所示。更换排水电磁阀后即可排除故障。

二十五、小天鹅 XQB30 – 8 型微电脑全自动洗衣机排水不正常

图文解说： 此类故障应重点检查排水电磁阀是否堵住，排水管是否弯曲太多。实际检修中因排水电磁阀堵住较为常见。排水电磁阀相关电路如图13-25所示。疏通排水电磁阀后即可排除故障。

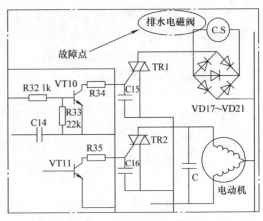

图 13-24 排水电磁阀电路图

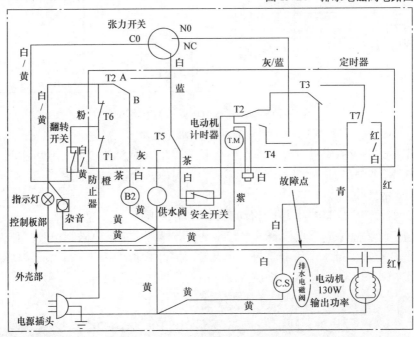

图 13-25 排水阀门相关电路图

二十六、小天鹅 XQB40 – 868FG 型全自动洗衣机不排水

图文解说： 此类故障应重点检测排水电磁阀。检修时具体检测排水牵引器是否损坏、继电器是否损坏。实际检修中因排水牵引器损坏较为常见。排水牵引器实物如图13-26所示。更换排水牵引器后即可排除故障。

二十七、小天鹅 XQB50 – 885A 型全自动洗衣机排水不净

图文解说： 此为故障应重点检测水压开关性能或空气管路。检修时具体检测水压开关触点是否不良，空气管是否漏气。实际检修中因水压开关损坏

图 13-26 排水牵引器实物

较为常见。更换水压开关后即可排除故障。

二十八、小鸭 XQB65 –2198 型洗衣机不排水

图文解说：此类故障应重点检测电脑板。检修时具体检测排水电磁阀是否损坏，电脑板是否损坏。实际检修中因电脑板损坏较为常见。电脑板实物如图 13-27 所示。更换电脑板后即可排除故障。

图 13-27　电脑板实物

二十九、小鸭 XQG50 –892 型洗衣机不排水

图文解说：此类故障应重点检测排水电路。检修时具体检测 CU 的 A03 和 C01 是否为导通状态，排水泵是否损坏。实际检修中因排水泵损坏较为常见。排水泵实物如图 13-28 所示。更换排水泵后即可排除故障。

三十、樱花 XQB56 –518 型洗衣机不排水

图文解说：此类故障应重点检测电磁铁是否损坏，电路板输出电压是否正常。实际检修中因电磁铁损坏较为常见。电磁铁的结构如图 13-29 所示。更换电磁铁后即可排除故障。

图 13-28　排水泵实物

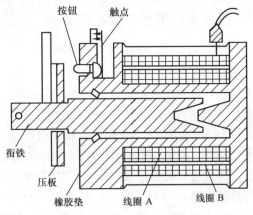

图 13-29　电磁铁的结构

问诊 14　洗衣机不进水检修专题

※Q1　检修洗衣机不进水的方法有哪些?

1. 波轮式洗衣机不进水检修方法

1)检查进水阀线圈是否烧毁或开路,若是则更换进水电磁阀。
2)检查进水管与注水接头连接处是否漏水,若是则重新接好。
3)检查导线是否短路或接触不良,若是则调整或更换。
4)检查进水电磁阀内部是否被堵塞或被卡死,若是则更换进水电磁阀。
5)检查电脑板输出端是否有 220V 交流电压,若无则更换电脑板或程序控制器。

2. 滚筒式洗衣机不进水检修方法

1)检查水龙头是否打开,若未打开则将水龙头打开。
2)检查水压是否过低,若是则等待水压正常。
3)检查进水电磁阀口是否堵塞,若是清理进水电磁阀口。
4)检查进水电磁阀线路是否脱落或接触不良,若是则检修线路。
5)检查进水电磁阀是否损坏,若是则更换进水电磁阀。
6)检查程序控制器是否损坏,若是则更换程序控制器。
7)检查水位传感器是否损坏,若损坏则更换水位传感器。

※Q2　洗衣机不进水故障检修实例

一、LG WD T12270D 型洗衣机不进水

图文解说:此类故障应重点检测电源电路。检修时具体检测电源电压是否正常,电源插头是否损坏,选择开关是否损坏,进水电磁阀是否损坏。实际检修中因电源插头损坏较为常见。电源插头相关接线图如图 14-1 所示。更换电源插头后即可排除故障。

二、TCL XQB50 –31S 型洗衣机不进水

图文解说:此类故障应重点检测进水电磁阀是否损坏,水位传感器是否损坏,电脑板是否控制失灵。实际检修中因电脑板损坏较为常见。电脑板实物如图 14-2 所示。更换电脑板后即可排除故障。

三、TCL XQB40 –20 型洗衣机不进水且指示灯不亮

图文解说:此类故障应重点检测电源开关是否损坏,进水电磁阀是否损坏,水位开关是否损坏,程序控制器是否损坏。实际检修中因电源开关损坏较为常见。电源开关相关接线图如图 14-3 所示。更换电源开关后即可排除故障。

四、澳柯玛 XQB55 –2676 型洗衣机不进水

图文解说:此类故障应重点检测进水电路。检修时具体检测进水电磁阀是否损坏,程序控制器是否损坏。实际检修中因进水电磁阀损坏较为常见。进水电磁阀相关接线图如图 14-4 所示。更换进水电磁阀后即可排除故障。

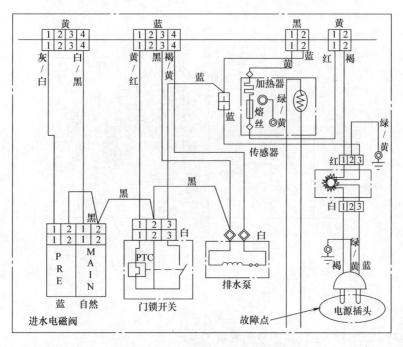

图 14-1　电源插头相关接线图

图 14-2　电脑板实物

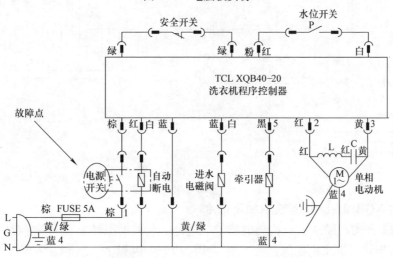

图 14-3　电源开关相关接线图

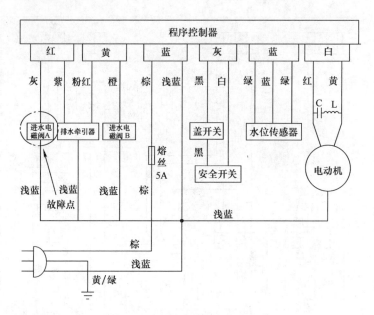

图 14-4　进水电磁阀相关接线图

五、澳柯玛 XQG75 – B1288R 型洗衣机不进水

图文解说：此类故障应重点检测水位传感器是否损坏，驱动板是否损坏。实际检修中因驱动板损坏较为常见。驱动板相关接线图如图 14-5 所示。更换驱动板后即可排除故障。

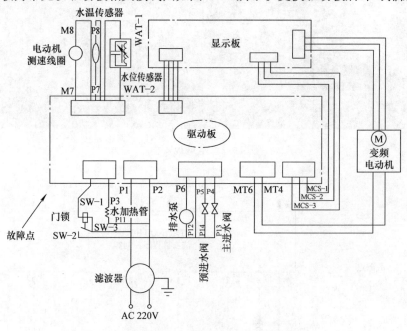

图 14-5　驱动板相关接线图

六、长虹 XQB50 – 8588 型洗衣机不进水

图文解说：此类故障应重点检测电脑控制电路。检修时具体检测程序控制器是否不良，电源开关是否损坏，进水电磁阀是否不良。实际检修中因程序控制器损坏较为常见。程序控制器相关接线图如图 14-6 所示。更换程序控制器后即可排除故障。

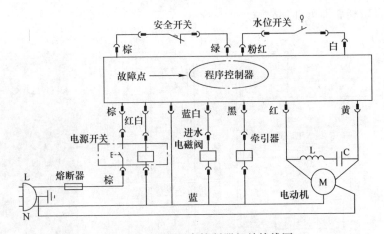

图 14-6　电脑程序控制器相关接线图

七、海尔 XPB85 –0713S 型双桶洗衣机不进水

图文解说： 此类故障应重点检测脱水定时器是否损坏，微动开关是否损坏，脱水电动机是否损坏。实际检修因微动开关损坏较为常见。微动开关相关电路如图 14-7 所示。更换微动开关后即可排除故障。

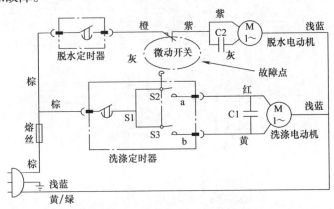

图 14-7　微动开关相关电路

八、海尔 XQB50 –10BPT 型洗衣机不进水

图文解说： 此类故障应重点检测进水电路。检修时具体检测进水电磁阀是否损坏、程序控制器是否损坏。实际检修中因进水电磁阀损坏较为常见。进水电磁阀相关接线图如图 14-8 所示。更换进水电磁阀后即可排除故障。

九、海尔 XQB52 –38 型洗衣机不进水

图文解说： 此类故障应重点检测进水机械系统。检修时具体检测进水电磁阀是否损坏，水位传感器是否损坏。实际检修中因进水电磁阀损坏较为常见。进水电磁阀实物如图 14-9 所示。更换进水电磁阀后即可排除故障。

十、海尔 XQB80 –BZ12699 波轮式全自动洗衣机不进水

图文解说： 此类故障应重点检测水位传感器是否损坏，进水电磁阀是否损坏，程序控制器是否损坏。实际检修中因进水电磁阀损坏较为常见。进水电磁阀相关接线图如图 14-10 所

示。更换进水电磁阀后即可排除故障。

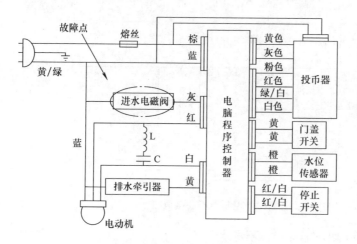

图 14-8　进水阀相关接线图

图 14-9　进水电磁阀实物

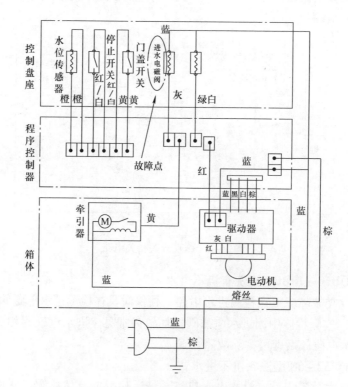

图 14-10　进水电磁阀实物

十一、海尔 XQG50-8866A 型洗衣机不进水

图文解说： 此类故障应重点检测控制电路。检修时具体检测电脑板是否损坏，门锁是否损坏，水位传感器是否损坏。实际检修中因电脑板损坏较为常见。电脑板相关接线图如图 14-11 所示。更换电脑板后即可排除故障。

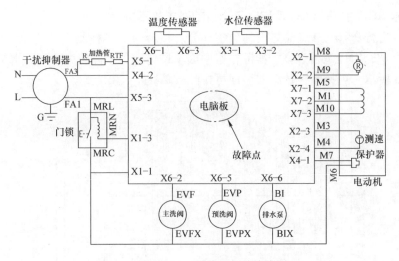

图 14-11　电脑板相关接线图

十二、海尔 XQG50 – BS708A 型全自动洗衣机开机后不进水

图文解说：此类故障应重点检测 EV1 是否损坏，T3 是否不良，进水电磁阀是否堵塞。实际检修中因进水电磁阀损坏较为常见。进水电磁阀实物如图 14-12 所示。更换进水电磁阀后即可排除故障。

十三、海尔 XQG55 – H12866 型滚筒式洗衣机不进水

图文解说：此类故障应重点检测电源电压是否正常，水压是否过低或过高，进水管是否损坏，驱动板是否损坏。实际检修中因驱动板损坏较为常见。驱动板实物如图 14-13 所示。更换驱动板后即可排除故障。

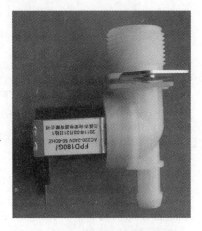

图 14-12　进水电磁阀实物

图 14-13　驱动板实物

十四、海尔 XQS80 –878ZM 型双动力全自动洗衣机不进水

图文解说： 此类故障应重点检测控制盘座部分。检修时具体检测水位传感器是否损坏，进水阀是否有异常，水压是否过高。实际检修中因水位传感器损坏较为常见。水位传感器接线图如图 14-14 所示。更换水位传感器后即可排除故障。

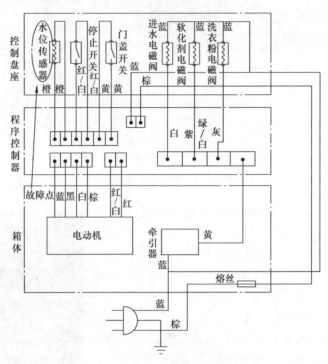

图 14-14   水位传感器相关接线图

十五、惠而浦 WI4231S 型洗衣机不进水

图文解说： 此类故障应重点检测程序控制器。检修时具体检测电脑板是否损坏，电源变压器是否损坏。实际检修中因电脑板损坏较为常见。电脑板实物如图 14-15 所示。更换电脑板后即可排除故障。

图 14-15   电脑板实物

十六、金羚 XIB –2 型全自动洗衣机不进水

图文解说： 此类故障应重点检测进水电磁阀及控制电路。检修时重点检测进水电磁阀接

头两端是否有 220V 电压，电脑板是否损坏，进水电磁阀内部是否损坏。实际检修中因进水电磁阀损坏较为常见。进水电磁阀实物如图 14-16 所示。更换进水电磁阀后即可排除故障。

十七、金羚 XQB30 – 11 型全自动洗衣机不进水

图文解说：此类故障应重点检测进水电磁阀线圈内部是否开路，电压是否过低，进水电磁阀阀芯是否锈死，进水电磁阀及管道是否有异物堵塞。实际检修中因进水电磁阀损坏较为常见。进水电磁阀实物如图 14-17 所示。更换进水电磁阀后即可排除故障。

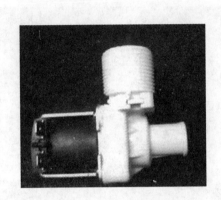

图 14-16　进水电磁阀实物

图 14-17　进水电磁阀实物

十八、金羚 XQB60 – A19B 型洗衣机进水时不工作

图文解说：此类故障应重点检测程序控制器是否损坏，水位传感器是否损坏，进水电磁阀是否损坏。实际检修中因程序控制器损坏较为常见。程序控制器相关接线图如图 14-18 所示。更换程序控制器后即可排除故障。

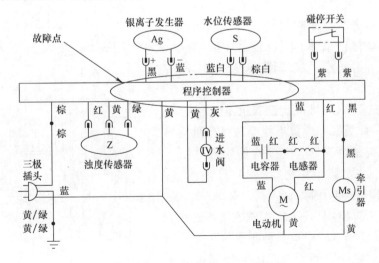

图 14-18　程序控制器相关接线图

十九、金羚 XQB60 – H5568 型洗衣机不进水

图文解说: 此类故障应重点检测进水系统。水位传感器是否损坏,进水电磁阀是否损坏,进水管是否堵塞。实际检修中因水位传感器损坏较为常见。水位传感器实物如图 14-19 所示。更换水位传感器后即可排除故障。

二十、美菱 XQG50 – 1108 型洗衣机不进水或显示故障代码"E2"

图文解说: 此类故障应重点检测 JW1 – 1 或 JW1 – 2 与 14 – 1 端子间有无电压,水位开关是否损坏,电控板是否不良。实际检修中因水位开关损坏较为常见。水位开关实物如图 14-20 所示。更换水位开关后即可排除故障。

图 14-19   水位传感器实物

图 14-20   水位开关实物

二十一、三星 WF – R1053A 型洗衣机不进水

图文解说: 此类故障应重点检测进水电路。检修时具体检测进水电磁阀是否损坏,电动机是否损坏,熔丝是否损坏。实际检修中因熔丝损坏较为常见。熔丝相关接线图如图 14-21 所示。更换熔丝后即可排除故障。

二十二、三星 XQB4888 型洗衣机不进水

图文解说: 此类故障应重点检测选择按钮是否损坏,电脑板是否损坏。实际检修中因电脑板损坏较为常见。电脑板实物如图 14-22 所示。更换电脑板后即可排除故障。

二十三、三洋 XQB48 – 648 型洗衣机不进水

图文解说: 此类故障应重点检测水位开关是否损坏,进水电磁阀是否损坏,电脑板是否有异常。实际检修中因水位开关损坏较为常见。水位开关相关接线图如图 14-23 所示。更换水位开关后即可排除故障。

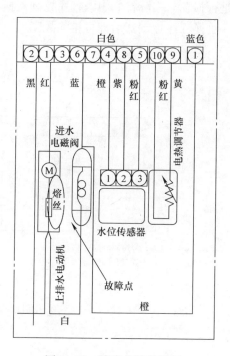

图 14-21   熔丝相关接线图

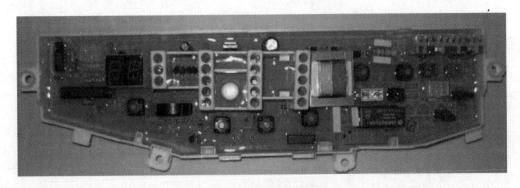

图 14-22　电脑板实物

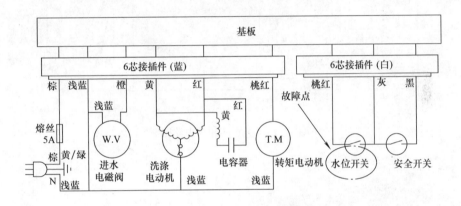

图 14-23　水位开关相关接线图

二十四、三洋 XQB50 –68 型洗衣机接通电源开关按下起动键后不进水

图文解说： 此类故障应重点检测控制电路。检修时具体检测进水电磁阀端是否有 220V 交流输入电压，集成电路 IC2 ~ IC5 是否损坏。实际检修中因 IC5 损坏较为常见。更换 IC5 后即可排除故障。

二十五、三洋 XQB80 –8SA 型洗衣机不进水

图文解说： 此类故障应重点检测电源开关是否开启，水压是否正常，进水电磁阀是否损坏。实际检修中因进水电磁阀损坏较为常见。进水电磁阀相关接线图如图 14-24 所示。更换进水电磁阀后即可排除故障。

二十六、威力 XQB30 –1 型全自动洗衣机接通电源不进水

图文解说： 此类故障应重点检测进水电磁阀两端是否有交流 220V 电压，进水电磁阀线圈电阻值是否正常。实际检修中因进水电磁阀损坏较为常见。进水电磁阀相关实物如图 14-25所示。更为进水电磁阀后即可排除故障。

二十七、小天鹅 XQB30 –8 型洗衣机开启电源后，无进水动作

图文解说： 此类故障应重点检测进水电路。检修时具体检测进水电磁线圈阻值是否正常（4.5kΩ 左右），R29 是否不良，VT13 是否损坏。实际检修中因 R29 损坏较为常见。R29 相关电路如图 14-26 所示。更换 R29 后即可排除故障。

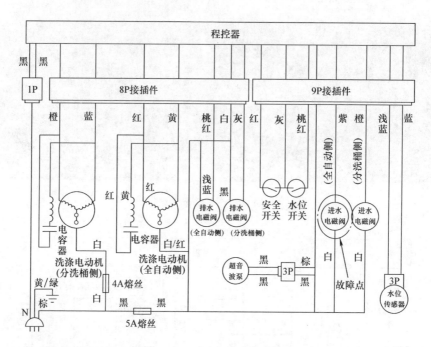

图 14-24　进水阀相关电路图

图 14-25　进水电磁阀实物

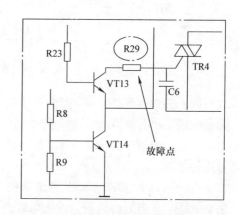

图 14-26　R29 相关电路

二十八、小天鹅 XQB40 -868FC（G）型洗衣机不进水

图文解说：此类故障应重点检测水位传感器及水位检测电路。检修时具体检测进水管是否有异常，进水电磁阀是否损坏，电阻器 R45、R44、R43 是否损坏，电容器 C25 是否不良，TR3、TR2 是否损坏，电容器 C7 是否短路。实际检修中因 C7 短路较为常见。C7 相关电路如图 14-27 所示。更换 C7 后即可排除故障。

二十九、小天鹅 XQB40 -868FG 型全自动洗衣机不进水

图文解说：此类故障应重点检测水压传感器或水位检测电路。检修时具体检测水位是否正常，进水管路是否畅通，R43、R44、R45、R46 是否损坏，电容器 C25 是否被击穿。实际检修中因电容器 C25 被击穿较为常见。更换电容器 C25 后即可排除故障。

三十、小天鹅 XQB50–1508G 型洗衣机不进水

图文解说：此类故障应重点检测晶闸管 T1、T2 是否有异常，水位传感器是否损坏。实际检修中因 T1、T2 击穿损坏较为常见。T1、T2 相关电路如图 14-28 所示。更换 T1、T2 后即可排除故障。

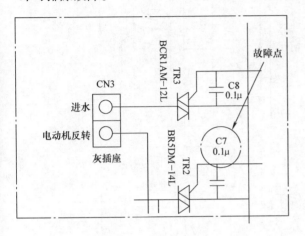

图 14-27　C7 相关电路

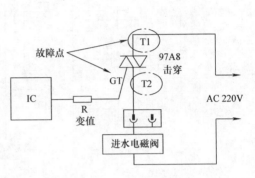

图 14-28　T1、T2 相关电路

三十一、小天鹅 XQB60–818B 型全自动洗衣机不进水

图文解说：此类故障应重点检测时基信号电路。检修时具体检测电阻器 R1、R2 是否损坏，晶体管 T1 是否不良，反相器 F1 是否损坏。实际检修中因晶体管 T1 不良较为常见。T1 相关电路如图 14-29 所示。更换 T1 后即可排除故障。

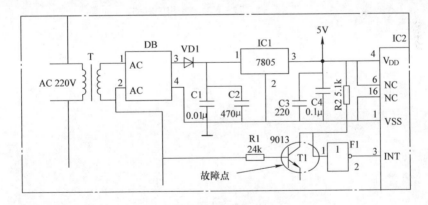

图 14-29　T1 相关电路图

三十二、小鸭 XQG50–60711 型洗衣机不进水

图文解说：此类故障应重点检测 V1、V2、V3 是否损坏，CPU 是否损坏。实际检修中因 V1、V2、V3 损坏较为常见。V1、V2、V3 相关电路如图 14-30 所示。更换 V1、V2、V3 后即可排除故障。

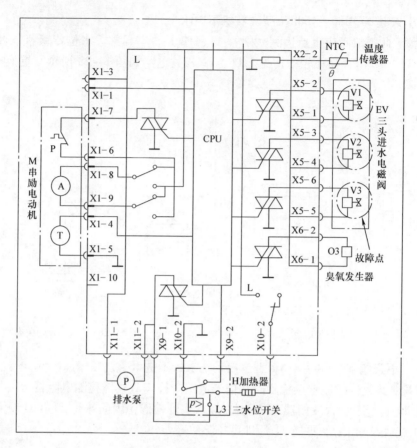

图 14-30　V1、V2、V3 相关电路

问诊 15　洗衣机脱水桶不转检修专题

※Q1　检修洗衣机脱水桶不转的方法有哪些?

1. 波轮式洗衣机脱水桶不转检修方法

1) 检查脱水机械系统的脱水轴、脱水桶和制动机构是否有异常，若有则更换。

2) 检查电气线路中的双向晶闸管是否损坏，若损坏则更换。

3) 检查电动门锁是否损坏，若是则更换电动门锁。

4) 检查电源插头与插座是否连接良好，若有接触不良则重新接插或更换。

5) 检查程序控制器及电脑板是否损坏，若损坏则更换程序控制器或电脑板。

6) 检查脱水电动机及电动机电容器是否损坏，若损坏则更换电动机或电动机电容器。

2. 滚筒式洗衣机脱水桶不转检修方法

1) 检查脱水定时器是否损坏，若是则更换脱水定时器。

2) 检查桶盖开关是否失灵，若是则更换桶盖开关。

3) 检查脱水电容器是否损坏，若是则更换脱水电容器。

4) 检查制动钢丝是否过长或脱钩，若是则更换制动钢丝。

5) 检查脱水电动机是否损坏，若是则更换脱水电动机。

6) 检查脱水电动机与脱水桶的联轴器是否松脱，若是则重新固定。

7) 检查传动带是否脱落，若是则重新装传动带。

8) 检查程序控制器是否损坏，若是则更换程序控制器。

※Q2　洗衣机脱水桶不转故障检修实例

一、东芝 XQB60 – EF 型洗衣机脱水桶不转

图文解说: 此类故障应重点检测脱水选择开关是否损坏，脱水电动机绕组是否烧坏，安全开关是否断开。实际检修中因脱水电动机烧坏较为常见。更换脱水电动机后即可排除故障。

二、海尔 XPB50 – CS 型洗衣机脱水桶不转

图文解说: 此类故障应重点检测电源连接线及制动线是否有异常，桶盖开关是否损坏，脱水定时器是否损坏，脱水电容器 C2 是否不良，脱水电动机是否损坏。实际检修中因脱水定时器损坏较为常见。脱水定时器实物如图 15-1 所示。更换脱水定时器后即可排除故障。

三、海尔 XQB50 –10BPT 型洗衣机脱水桶不转

图文解说: 此类故障应重点检测程序控制器控制电路。检修时具体检测门盖开关是否损坏，程

图 15-1　脱水定时器实物

序控制器是否损坏。实际检修中因程序控制器损坏较为常见。程序控制器相关接线图如图 15-2 所示。更换程序控制器后即可排除故障。

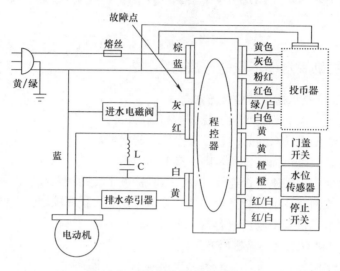

图 15-2 程序控制器相关电路

四、海尔 XQBM23-10 型洗衣机脱水桶不转

图文解说: 此类故障应重点检测电源插头是否松动,程序控制器是否损坏,电动机是否损坏。实际检修中因电动机损坏较为常见。电动机相关接线图如图 15-3 所示。更换电动机后即可排除故障。

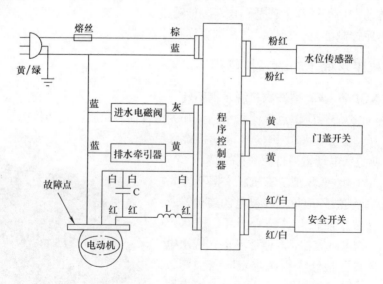

图 15-3 电动机相关接线图

五、海尔小神童 XQB45-A 型洗衣机脱水桶不转

图文解说: 此类故障应重点检测脱水电气线路。检修时具体检测脱水机械系统的脱水轴、脱水桶和制动机构是否有异常,双向晶闸管 VS2 是否断路。实际检修中因 VS2 断路较

为常见。VS2 相关电路如图 15-4 所示。更换 VS2 后即可排除故障。

六、海信 XQB60 – 8208 型洗衣机工作时脱水桶不转

图文解说： 此类故障应重点检测电脑板是否损坏，脱水电动机是否损坏，脱水定时器是否损坏。实际检修中因电脑板损坏较为常见。电脑板实物如图 15-5 所示。更换电脑板后即可排除故障。

七、金羚 XQB60 – A609G 型波轮式洗衣机工作时脱水桶不转

图文解说： 此类故障应重点检测程序控制器是否损坏，脱水电动机是否损坏，门盖开关是否损坏。实际检修中因程序控制器损坏较为常见。程序控制器相关电路如图 15-6 所示。更换程序控制器后即可排除故障。

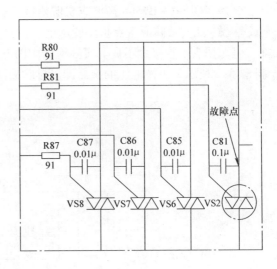

图 15-4　VS2 相关电路

图 15-5　电脑板相关实物图

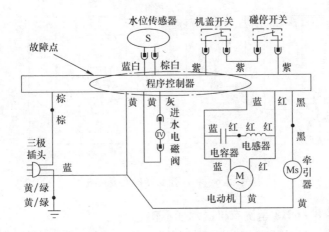

图 15-6　程序控制器相关电路

八、金羚 XQB60 – H5568 型洗衣机脱水桶不转

图文解说： 此类故障应重点检测脱水电动机是否损坏，脱水定时器是否损坏，牵引器是否损坏，电源插头是否接触不良。实际检修中因电源插头接触不良较为常见。电源插头相关电路如图 15-7 所示。更换电源插头后即可排除故障。

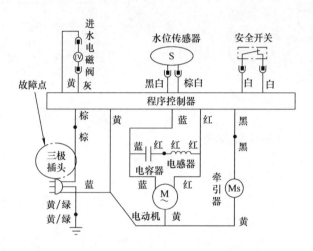

图 15-7　电源插头相关电路

九、金羚 XQB75 – A7558 型洗衣机脱水桶不转

图文解说： 此类故障应重点检测电脑板控制电路。检修时具体检测程序控制器是否损坏，脱水电动机是否损坏。实际检修中因程序控制器损坏较为常见。程序控制器相关接线图如图 15-8 所示。更换程序控制器后即可排除故障。

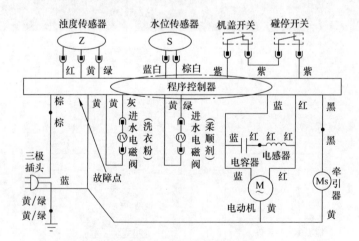

图 15-8　程序控制器相关接线图

十、康佳 XQB68 – 6818 型洗衣机脱水桶不转

图文解说： 此类故障应重点检测程序控制器电路。检修时具体检测电脑板是否损坏，脱水电动机是否损坏。实际检修中因电脑板损坏较为常见。电脑板实物如图 15-9 所示。更换

电脑板后即可排除故障。

图 15-9　电脑板实物

十一、日立 PS - 63 型洗衣机脱水桶不转

图文解说：此类故障应重点检测洗衣机上盖是否关好，脱水选择开关是否损坏，脱水定时器是否损坏，脱水电动机是否不良。实际检修中因脱水定时器损坏较为常见。脱水定时器相关电路如图 15-10 所示。更换脱水定时器后即可排除故障。

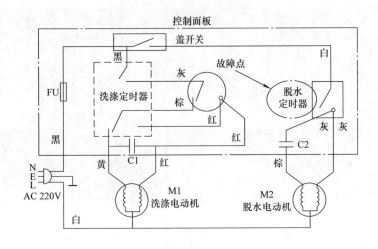

图 15-10　脱水定时器相关电路

十二、荣事达 XQB50 - 801G 型洗衣机脱水桶不转

图文解说：此类故障应重点检测电脑板。检修时具体检测电源电压是否正常，电脑板是否损坏。实际检修中因电脑板损坏较为常见。电脑板实物如图 15-11 所示。更换电脑板后即可排除故障。

十三、荣事达 XQB52 - 912G 型洗衣机脱水桶不转

图文解说：此类故障应重点检测电脑板控制电路。检修时具体检测脱水定时器是否损坏，脱水电动机有无工作，电脑板是否损坏。实际检修中因电脑板损坏较为常见。电脑板实物如图 15-12 所示。更换电脑板后即可排除故障。

十四、荣事达 XQB60 - 727G 型洗衣机脱水时脱水桶不转

图文解说：此类故障应重点检测电子程序控制器电路。检修时具体检测电子程序控制器是否损坏，脱水电动机是否损坏。实际检修中因电子程序控制器损坏较为常见。电子程序控制器相关接线图如图 15-13 所示。更换电子程序控制器后即可排除故障。

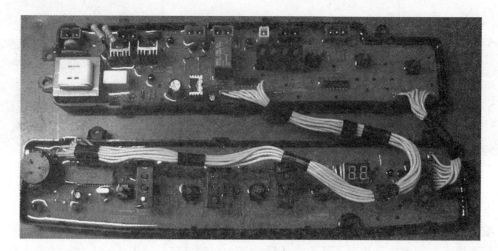

图 15-11 电脑板实物

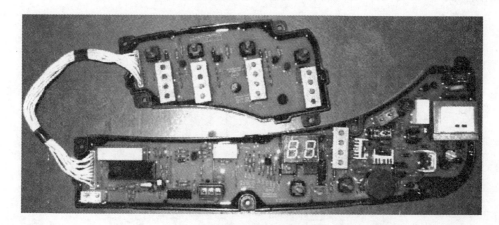

图 15-12 电脑板实物

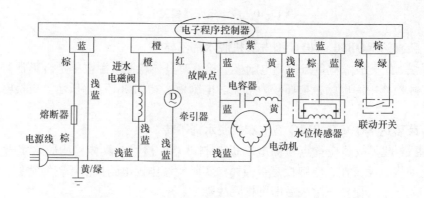

图 15-13 电子程序控制器相关接线图

十五、三洋 XQB60 – 88 型全自动洗衣机脱水桶不转

图文解说： 此类故障应重点检测电源电路。检修时具体检测电源电压是否正常，变压器 T1 是否损坏，FU 是否烧断，电源插头是否损坏。实际检修中因变压器 T1 损坏较为常见。变压器 T1 相关电路如图 15-14 所示。更换 T1 后即可排除故障。

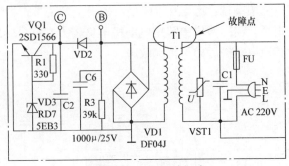

图 15-14　T1 相关电路

十六、三洋 XQB60 – B830S 型洗衣机脱水桶不转

图文解说： 此类故障应重点检测牵引器是否损坏、联轴器上的螺钉是否松脱。实际检修中因牵引器不良较为常见。牵引器实物如图 15-15 所示。更换牵引器后即可排除故障。

图 15-15　牵引器实物

十七、三洋 XQB70 – 388 型洗衣机脱水桶不转

图文解说： 此类故障应重点检测安全开关是否损坏，转矩电动机是否损坏，电磁铁是否有异常。实际检修中因转矩电动机损坏较为常见。转矩电动机相关接线图如图 15-16 所示。更换转矩电动机后即可排除故障。

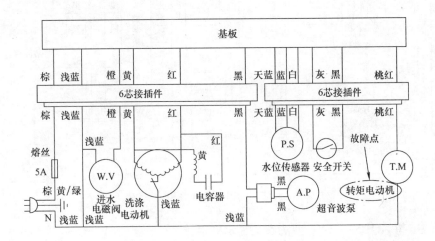

图 15-16　转矩电动机相关接线图

十八、三洋 XQB75 – B1177S 型洗衣机脱水桶不转

图文解说: 此类故障应重点检查桶安全开关是否损坏,盖安全开关是否损坏,转矩电动机是否损坏。实际检修中转矩电动机不良较为常见。转矩电动机相关接线图如图 15-17 所示。更换转矩电动机后即可排除故障。

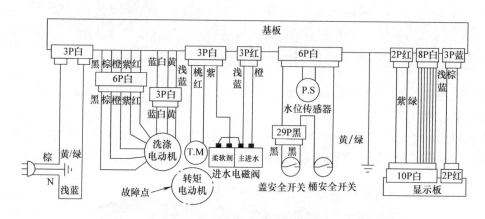

图 15-17　转矩电动机相关接线图

十九、三洋 XQG80 – 518HD 型洗衣机脱水桶不转

图文解说: 此类故障应重点检测控制板是否损坏,门锁组件开关是否损坏,脱水选择开关是否失灵。实际检修中因门锁组件开关损坏较为常见。门锁组件开关相关电路如图 15-18 所示。更换门锁组件开关后即可排除故障。

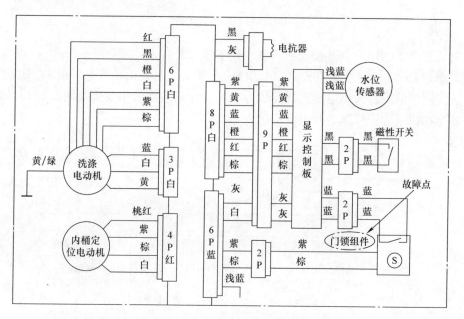

图 15-18　门锁组件开关相关电路

二十、申花 XQB50 – 2010 型洗衣机脱水桶不转

图文解说: 此类故障应重点检测脱水电动机是否损坏,电动机电容器是否不良,脱水定

时器是否损坏。实际检修中因脱水定时器触点烧黑较为常见。脱水定时器实物如图 15-19 所示。更换脱水定时器后即可排除故障。

二十一、申花 XQB70 – 2010 型洗衣机脱水桶不转

图文解说: 此类故障应重点检测脱水电动机是否有异常，起动电容器是否损坏。实际检修中因电动机的定子绕组的匝间短路较为常见。脱水电动机实物如图 15-20 所示。更换脱水电动机后即可排除故障。

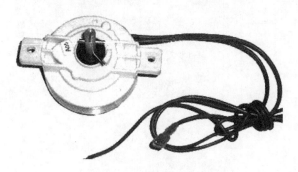

图 15-19　脱水定时器实物

图 15-20　脱水电动机实物

二十二、水仙 XPB20 – 3S 型洗衣机脱水桶不转

图文解说: 此类故障应重点检测脱水电动机是否损坏，安全开关是否损坏。实际检修中因脱水电动机损坏较为常见。脱水电动机相关接线图如图 15-21 所示。更换脱水电动机后即可排除故障。

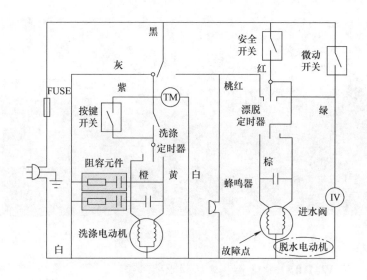

图 15-21　脱水电动机相关接线图

二十三、水仙 XPB80 – 6108SD 型洗衣机脱水桶不转

图文解说: 此类故障应重点检测脱水电动机是否损坏，脱水定时器是否损坏。实际检修中因脱水电动机损坏较为常见。脱水电动机相关接线图如图 15-22 所示。更换脱水电动机后即可排除故障。

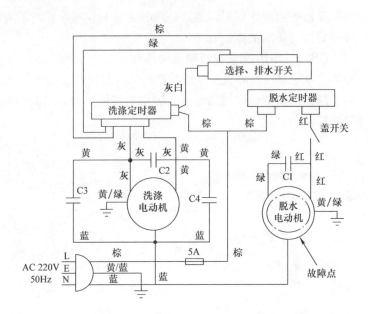

图 15-22 脱水电动机相关接线图

二十四、威力 XQB60 –6058 型洗衣机脱水桶不转

图文解说: 此类故障应重点检测程序控制器控制电路。检修时具体检测脱水电动机是否损坏,电脑板是否损坏。实际检修中因电脑板损坏较为常见。电脑板实物如图 15-23 所示。更换电脑板后即可排除故障。

图 15-23 电脑板相关实物

二十五、西门子 WM10E168T1 型洗衣机脱水桶不转

图文解说: 此类故障应重点检测门锁开关是否损坏,选择开关是否损坏,脱水电路是否有异常。实际检修中因门锁开关损坏较为常见。门锁开关实物如图 15-24 所示。更换门锁开关后即可排除故障。

二十六、小鸭 XQG50 –808 型全自动洗衣机脱水桶不转

图文解说: 此类故障应重点检测电脑板控制电路。检修时具体检测电动门锁是否损坏,

图 15-24　门锁开关实物

电动机是否损坏，程序控制器是否损坏。实际检修中因电动门锁损坏较为常见。电动门锁相关电路如图 15-25 所示。更换电动门锁后即可排除故障。

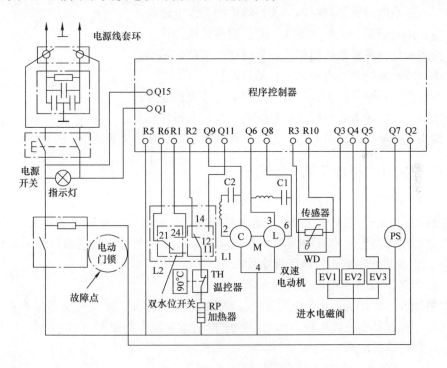

图 15-25　电动门锁相关电路

问诊 16　洗衣机进水不止检修专题

※Q1　检修洗衣机进水不止的方法有哪些?

1. 波轮式洗衣机进水不止检修方法

1) 检查进水电磁阀输入端是否有 220V 交流电压,若无则更换进水电磁阀。

2) 检查电脑板是否损坏,若损坏则更换电脑板。

3) 检查水位开关是否损坏,若损坏则更换水位开关。

4) 检查导压管与外桶及水位开关连接处及气室盖与外桶黏接处是否漏气,若漏气则进行修整。

2. 滚筒式洗衣机进水不止检修方法

1) 检查进水电磁阀是否损坏,若是则更换进水电磁阀。

2) 检查压力管是否脱落或漏气,若是则检修压力管。

3) 检查水位传感器是否损坏,若是则更换水位传感器。

4) 检查进水系统是否有漏水,若是则检修。

5) 检查程序控制器是否损坏,若是则更换程序控制器。

6) 检查空气盒是否有损坏,若是则更换空气盒组件。

7) 检查电磁驱动电路的晶体管是否损坏,若是则更换晶体管。

※Q2　洗衣机进水不止故障检修实例

一、东芝 XQB70 – EFD 型洗衣机进水不止

图文解说:此类故障应重点检测进水电磁阀阀门是否异常,水位传感器是否不受控制,压力开关是否损坏。实际检修中因进水电磁阀损坏较为常见。进水电磁阀相关接线图如图 16-1 所示。更换进水电磁阀后即可排除故障。

二、海尔 XQB20 – A 型洗衣机进水不止

图文解说:此类故障应重点检测程序控制器内部是否不良,水位传感器是否损坏。实际检修中因程序控制器主板损坏较为常见。程序控制器主板实物如图 16-2 所示。更换程序控制器主板后即可排除故障。

三、海尔 XQB50 – 10BPT 型洗衣机进水不止

图文解说:此类故障应重点检测水位控制电路。检修时具体检测水位传感器是否损坏。实际检修中因水位传感器损坏较为常见。水位传感器相关接线图如图 16-3 所示。更换水位传感器后即可排除故障。

四、海尔 XQB75 – BZ12688 型波轮式洗衣机进水不止

图文解说:此类故障应重点检测程序控制器是否损坏、水位传感器是否损坏。实际检修中因水位传感器损坏较为常见。水位传感器相关接线图如图 16-4 所示。更换水位传感器后即可排除故障。

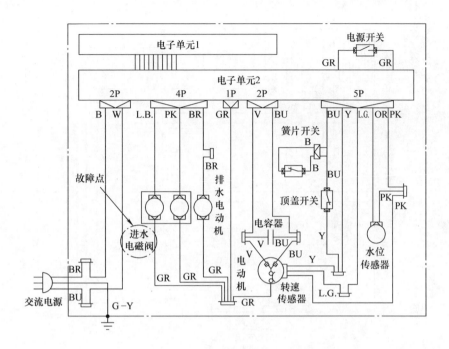

图 16-1 进水电磁阀相关接线图

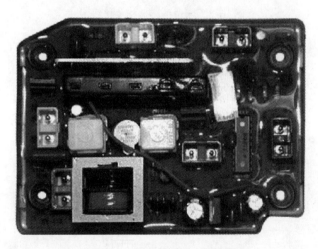

图 16-2 程序控制器主板实物

五、海尔 XQG50 - 1 型洗衣机进水不止

图文解说：此类故障检修时应重点检测集气阀与连接压力开关的软管是否脱落或破损，程序控制器工作是否失常，水位压力开关是否不良。实际检修中因水位开关损坏较为常见。水位开关实物如图 16-5 所示。更换水位开关后即可排除故障。

六、海尔 XQG50 - E 型洗衣机进水不止

图文解说：此类故障应重点检测双向晶闸管是否损坏，程序控制器上进水电磁阀输出端两个插座之间的电压是否为 220V（正常），进水电磁阀是否损坏。实际检修中因双向晶闸管损坏较为常见。双向晶闸管实物如图 16-6 所示。更换双向晶闸管后即可排除故障。

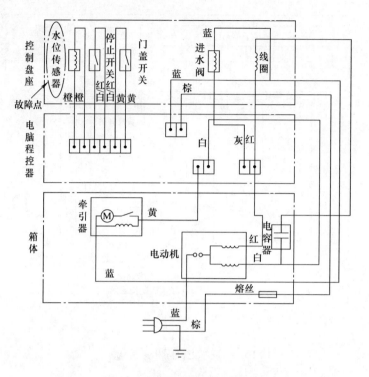

图 16-3　水位传感器相关接线图

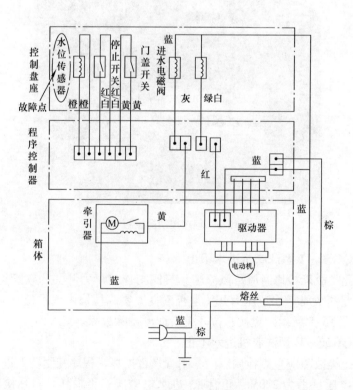

图 16-4　水位传感器相关接线图

图 16-5 水位开关实物

图 16-6 双向晶闸管实物

七、海尔 XQG50 – H 型洗衣机进水不止

图文解说：此类故障应重点检测进水电磁阀控制电路。检修时具体检测程序控制器的各组触点接触是否良好，进水电磁阀是否损坏。实际检修中因进水电磁阀损坏较为常见。进水电磁阀实物如图 16-7 所示。更换进水电磁阀后即可排除故障。

八、海尔 XQS80 – 878ZM 型双动力全自动洗衣机进水不止

图文解说：此类故障应重点检测程序控制器电路。检修时具体检测程序控制器是否损坏，水位传感器是否损坏。实际检修中因程序控制器损坏较为

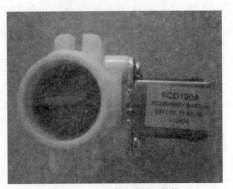

图 16-7 进水电磁阀实物

常见。程序控制器相关接线图如图 16-8 所示。更换程序控制器后即可排除故障。

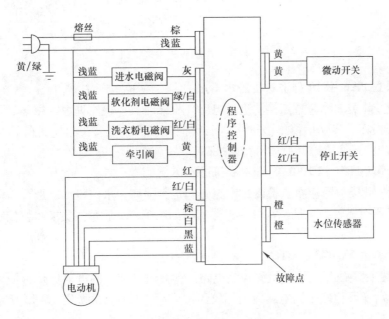

图 16-8 程序控制器相关接线图

九、金羚 XQB30 – 11 型全自动洗衣机进水不止

图文解说： 此类故障应重点检测水位开关内部是否损坏，进水电磁阀是否损坏，进水电磁阀弹簧是否失去弹性，导压管是否破裂或堵塞。实际检修中因水位开关损坏较为常见。水位开关实物如图 16-9 所示。更换水位开关后即可排除故障。

十、康佳 XQG60 – 6081W 滚筒式洗衣机进水不止

图文解说： 此类故障应重点检测程序控制器。检修时具体检测水位开

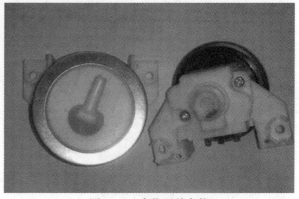

图 16-9　水位开关实物

关是否损坏，电脑板是否损坏。实际检修中因电脑板损坏较为常见。电脑板相关接线图如图 16-10 所示。更换电脑板后即可排除故障。

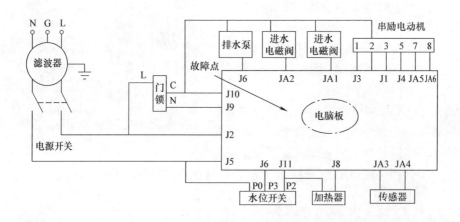

图 16-10　电脑板相关接线图

十一、日立 PAF – 820 型洗衣机进水不止

图文解说： 此类故障应重点检测进水电路。检修时具体检测进水电磁阀是否损坏，水位选择开关是否损坏。实际检修中因进水电磁阀损坏较为常见。进水电磁阀相关接线图如图 16-11 所示。更换进水电磁阀后即可排除故障。

十二、荣事达 RG – F7001BS 型洗衣机进水不止

图文解说： 此类故障应重点检测进水电磁阀是否损坏，水位传感器是否损坏。实际检修中因水位传感器损坏较为常见。水位传感器实物如图 16-12 所示。更换水位传感器后即可排除故障。

十三、荣事达 XQB45 – 831G 型洗衣机进水不止

图文解说： 此类故障应重点检测控制电路。检修时具体检测电脑板是否损坏，水位检测开关是否损坏。实际检修中因电脑板损坏较为常见。电脑板实物如图 16-13 所示。更换电脑板后即可排除故障。

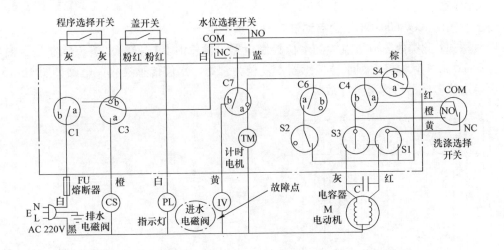

图 16-11　进水电磁阀相关电路图

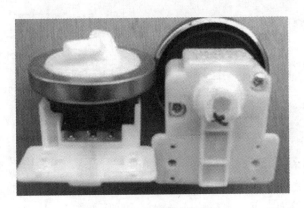

图 16-12　水位传感器实物

图 16-13　电脑板实物

十四、三星 WF - S1053 型洗衣机进水不止

图文解说：此类故障应重点检测水位传感器是否损坏，进水电磁阀是否损坏。实际检修中因水位传感器损坏较为常见。水位传感器相关接线图如图 16-14 所示。更换水位传感器后

即可排除故障。

十五、三洋 XQB60 -88 型全自动洗衣机进水不止

图文解说:此类故障应重点检测水位控制电路。检修时具体检测水位传感器是否损坏,IC2 是否损坏。实际检修中因水位传感器不良较为常见。水位传感器相关电路如图 16-15 所示。更换水位传感器后即可排除故障。

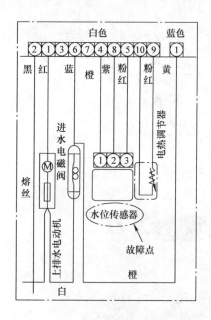

图 16-14　水位传感器相关接线图

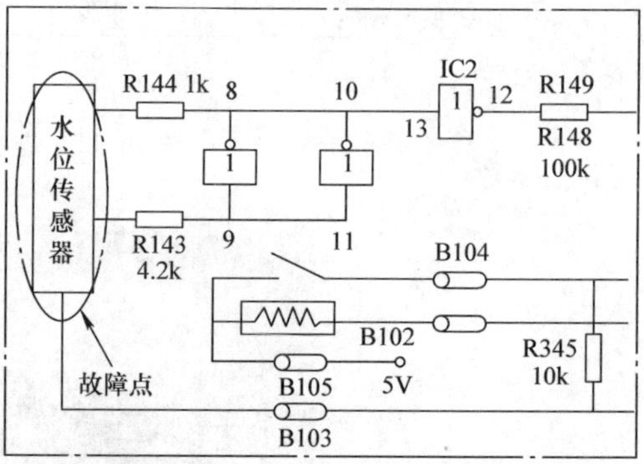

图 16-15　水位传感器相关电路

十六、三洋 XQB60 -S808 型洗衣机进水不止

图文解说:此类故障应重点检测进水电磁阀是否损坏,水位传感器是否损坏。实际检修中因水位传感器损坏较为常见。水位传感器相关接线图如图 16-16 所示。更换水位传感器后即可排除故障。

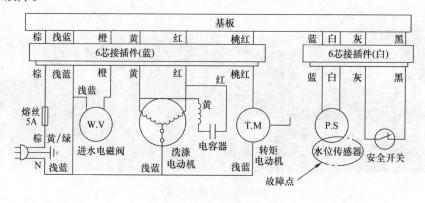

图 16-16　水位传感器相关接线图

十七、三洋 XQB80 -8SA 型洗衣机进水不止

图文解说:此类故障应重点检测进水电磁阀是否损坏,水位开关是否损坏,电脑板上是

否有异常，程序控制器是否损坏。实际检修中因水位开关损坏较为常见。水位开关实物如图16-17 所示。更换水位开关后即可排除故障。

十八、申花 XQB50 –2009 型全自动洗衣机进水不止

图文解说：此类故障应重点检测水位开关。检修时具体检测用万用表测量水位开关两接线片之间的电阻值是否正常。实际检修中因水位开关损坏较为常见。水位开关实物如图16-18 所示。更换水位开关后故障排除。

图 16-17　水位开关实物

图 16-18　水位开关实物

十九、威力 XQB30 –1 型全自动洗衣机洗涤进水不止

图文解说：此类故障应重点检测电脑板进水电路。检修时具体检测 R27、R35 是否损坏，双向晶闸管 SCR3 是否损坏。实际检修中因双向晶闸管 SCR3 损坏较为常见。更换 SCR3 后即可排除故障。

二十、威力 XQB50 –5099 型洗衣机进水不止

图文解说：此类故障应重点检测水位调节器是否损坏，进水电磁阀是否损坏，电脑板是否损坏。实际检修中因进水电磁阀损坏较为常见。进水电磁阀实物如图16-19 所示。更换进水电磁阀后即可排除故障。

二十一、小天鹅 XQB30 –8 型洗衣机进水不止

图文解说：此类故障应重点检测进水电磁阀两端电压是否正常，双向晶闸管是否击穿或短路，橡胶阀门是否变形，微处理器是否不良。实际检修中因进水电磁阀损坏较为常见。进水电磁阀相关电路如图16-20 所示。更换进水电磁阀后即可排除故障。

图 16-19　进水电磁阀实物

二十二、小天鹅 XQB40 –868FC 型洗衣机进水不止

图文解说：此类故障应重点检测水位选择开关 SW5 是否损坏，进水电磁阀是否不良。实际检修中因水位选择开关 SW5 损坏较为常见。SW5 相关电路如图16-21 所示。更换水位

选择开关 SW5 后即可排除故障。

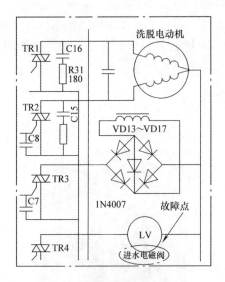

图 16-20　进水电磁阀相关电路

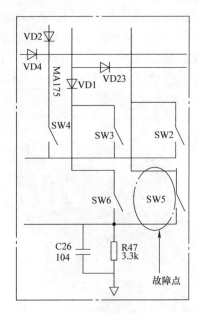

图 16-21　SW5 相关电路

二十三、小天鹅 XQB50－580J 型洗衣机进水不止

图文解说：此类故障应重点检测水位传感器是否损坏，电脑板是否有异常。实际检修中因水位传感器损坏较为常见。水位传感器相关实物如图 16-22 所示。更换水位传感器后即可排除故障。

二十四、小天鹅 XQB60－818B 型全自动洗衣机通电后按起动键进水不止，不能执行洗衣程序

图文解说：此类故障应重点检测进水电磁阀双向晶闸管 TR4 是否击穿短路，进水电磁阀是否损坏。实际检修中因进水电磁阀损坏较为常见。进水电磁阀相关电路如图 16-23 所示。更换进水电磁阀后即可排除故障。

图 16-22　水位传感器实物

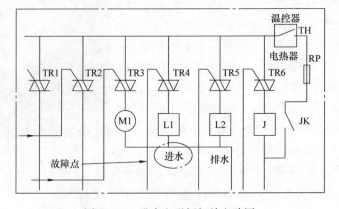

图 16-23　进水电磁阀相关电路图

二十五、小鸭 XQB60 –815B 型全自动洗衣机进水不止

图文解说：此类故障应重点检测压力开关与盛水桶之间的连通器接口处是否脱落或水位压力开关是否漏气，压力开关与盛水桶之间的连通管道是否有污物堵塞，压力开关本身是否损坏。实际检修中因压力开关损坏较为常见。压力开关实物如图 16-24 所示。更换压力开关后即可排除故障。

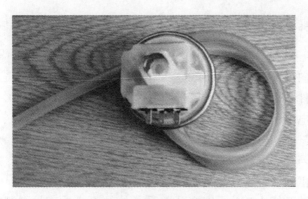

图 16-24　压力开关实物

二十六、新乐 XQB70 –6060 型洗衣机进水不止

图文解说：此类故障应重点检测水位检测电路。检修时具体检测水位开关是否损坏，电脑程序控制器是否损坏。实际检修中因水位开关损坏较为常见。水位开关相关接线图如图 16-25 所示。更换水位开关后即可排除故障。

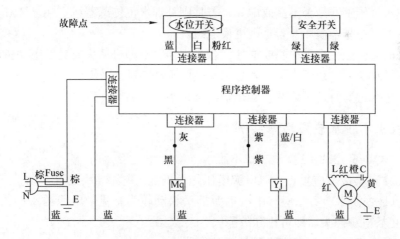

图 16-25　水位开关相关接线图

问诊 17   洗衣机不脱水检修专题

※Q1   检修洗衣机不脱水的方法有哪些?

1. 波轮式洗衣机不脱水检修方法

1）检查电脑板向排水电动机输出端电压是否正常（220V），若不是则更换电脑板。

2）检查导线组件是否接触不良，若是则更换导线组件。

3）检测电容器电容量是否正常，若不正常则更换电容器。

4）检测电动机输入端电压是否过低，若过低则更换电动机。

5）检查脱水桶与外桶之间是否落入衣物，若是则取出衣物。

6）检查排水电磁铁是否短路烧毁，若是则更换排水电磁铁。

7）检查微动开关及停止开关、安全开关是否接触不良，若是则调整或更换微动开关、安全开关、停止开关。

2. 滚筒式洗衣机不脱水检修方法

1）检查安全开关是否损坏，若是则更换安全开关。

2）检查牵引器是否损坏，若是则更换牵引器。

3）检查电脑板是否损坏，若是则检修电脑板。

4）检查水位传感器是否不良或虚焊，若是则补焊水位传感器或更换。

5）检查电磁阀是否损坏，若是则更换电磁阀。

6）检查电动机插头是否松脱或损坏，若是则插紧电动机插头或更换电动机。

7）检查脱水功能键是否失灵，若是则更换脱水功能键。

8）检查排水过滤器是否堵塞，若是则清洗排水过滤器。

※Q2   洗衣机不脱水故障检修实例

一、LG XQB45 –388SN 型洗衣机不脱水

图文解说: 此类故障应重点检测电源电压是否正常，电源插头是否松动，安全开关是否断开，电动机是否损坏。实际检修中因电源插头松动较为常见。电源插头相关接线图如图17-1 所示。更换电源插头后即可排除故障。

二、LG 乐金 WD –N800RPM 型洗衣机不脱水

图文解说: 此类故障应重点检测门锁开关是否损坏，脱水电动机是否损坏，牵引器是否损坏。实际检修中因门锁开关损坏较为常见。门锁开关相关接线图如图 17-2 所示。更换门锁开关后即可排除故障。

三、澳柯玛 XQB55 –2635 型洗衣机不脱水

图文解说: 此类故障应重点检测电动机是否损坏，电动机电容器是否漏电，盖开关及安全开关是否断开。实际检修中因电动机损坏较为常见。电动机相关接线图如图 17-3 所示。更换电动机后即可排除故障。

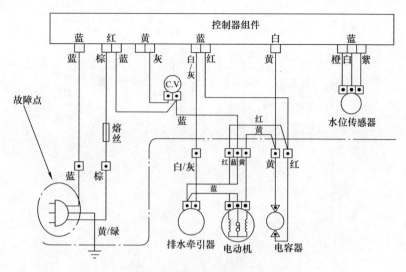

图 17-1　电源插头相关接线图

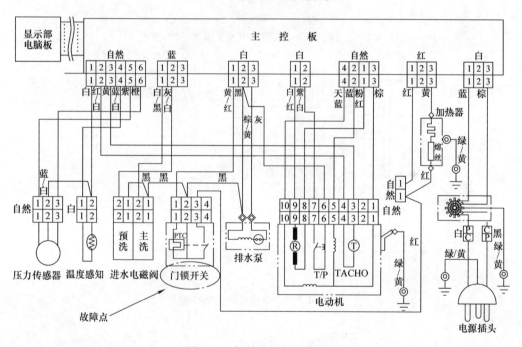

图 17-2　门锁开关相关接线图

四、长虹 XPB75 –588S 型洗衣机不脱水

图文解说: 此类故障应重点检测脱水电动机是否损坏,脱水定时器是否损坏。实际检修中因脱水电动机损坏较为常见。脱水电动机相关接线图如图 17-4 所示。更换脱水电动机后即可排除故障。

五、海尔 XPB50 –6S 型洗衣机不脱水

图文解说: 此类故障应重点检测脱水电动机电路。检修时具体检测脱水定时器是否损坏,脱水电动机是否损坏,脱水电动机电容器是否损坏。实际检修中因脱水电动机损坏较为常见。脱水电动机相关接线图如图 17-5 所示。更换脱水电动机后即可排除故障。

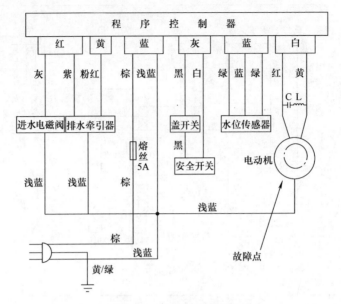

图 17-3　电动机相关接线图

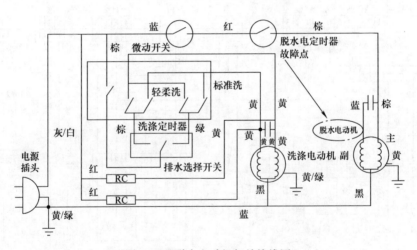

图 17-4　脱水电动机相关接线图

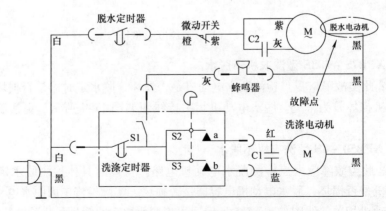

图 17-5　脱水电动机相关接线图

六、海尔 XQG50－BS708A 型全自动洗衣机电动机噪声大，不脱水

图文解说： 此类故障应重点检测 T1 是否击穿，T5 是否损坏，Q1 是否不良。实际检修中因 T1 损坏较为常见。更换 T1 后即可排除故障。

七、海信 XPB60－811S 型洗衣机不脱水

图文解说： 此类故障应重点检测脱水电路。检修时具体检测脱水电动机是否损坏，脱水定时器是否损坏，微动开关是否损坏。实际检修中因脱水电动机损坏较为常见。脱水电动机相关接线图如图 17-6 所示。更换脱水电动机后即可排除故障。

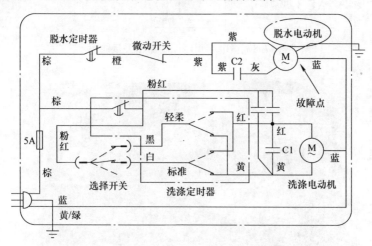

图 17-6　脱水电动机相关接线图

八、金羚 XQB30－11 型全自动洗衣机不脱水

图文解说： 此类故障应重点检测脱水安全开关是否不良，门是否盖好，离合器抱簧弹性是否变差，传动带是否老化或松脱，起动电容器是否不良。实际检修中因脱水安全开关损坏较为常见。脱水安全开关实物如图 17-7 所示。更换脱水安全开关后即可排除故障。

九、金松 XQB33－K321 型洗衣机不脱水

图文解说： 此类故障应重点检测电脑板控制电路。检修时具体检测微电脑程序控制器是否损

图 17-7　脱水安全开关实物

坏，排水电磁铁是否损坏，安全开关是否损坏。实际检修中因微电脑程序控制器损坏较为常见。微电脑程序控制器相关接线图如图 17-8 所示。更换微电脑程序控制器后即可排除故障。

十、荣事达 XQB40－966G 型洗衣机不脱水

图文解说： 此类故障应重点检测脱水控制电路。检修时具体检测电脑板是否损坏，脱水电动机是否损坏，脱水定时器是否损坏。实际检修中因电脑板损坏较为常见。电脑板实物如图 17-9 所示。更换电脑板后即可排除故障。

十一、三洋 XQB55－118 型洗衣机不脱水，洗涤功能正常

图文解说： 此类故障应重点检测排水牵引器是否损坏，离合器是否正常，安全开关是否损坏。实际检修中因排水牵引器损坏较为常见。排水牵引器实物如图 17-10 所示。更换排水

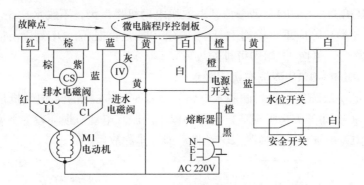

图 17-8　微电脑程序控制器相关接线图

图 17-9　电脑板实物

牵引器后即可排除故障。

十二、三洋 XQG55－L832W 型洗衣机脱水不正常

图文解说：此类故障应重点检测电源插头及连线是否异常，脱水电动机阻值是否正常，脱水定时器是否有故障。实际检修中因脱水定时器损坏较为常见。脱水定时器实物如图 17-11 所示。更换脱水定时器后即可排除故障。

十三、申花 XQB48－861 型洗衣机不脱水

图文解说：此类故障应重点检测电脑板是否损坏，电源插头是否损坏，门盖开关是否损坏。实际检修中因电脑板损坏较

图 17-10　排水牵引器相关实物图

为常见。电脑板实物如图 17-12 所示。更换电脑板后即可排除故障。

十四、水仙 XPB80 – 6108SD 型洗衣机不脱水

图文解说: 此类故障应重点检测脱水电动机电路。检修时具体检测脱水电动机是否损坏,脱水定时器是否损坏,盖开关是否损坏。实际检修中因脱水电动机损坏较为常见。脱水电动机相关接线图如图 17-13 所示。更换脱水电动机后即可排除故障。

十五、松下 XQB52 – 858 型洗衣机不脱水

图文解说: 此类故障应重点检测电源插头与插座是否连接良好,安全开关是否损坏。实际检修中因电源插头与插座连接松动较为常见。电源插头相关接线图如图 17-14 所示。更换电源插头后即可排除故障。

图 17-11 脱水定时器实物

图 17-12 电脑板实物

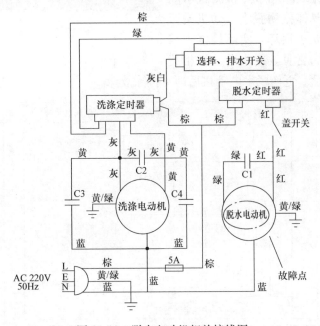

图 17-13 脱水电动机相关接线图

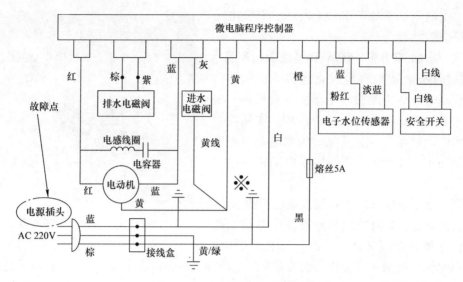

图 17-14　电源插头相关接线图

十六、威力 XQB30 –1 型全自动洗衣机脱水失灵

图文解说：此类故障应重点检测脱水管路系统。检修时具体检测安全开关是否损坏。实际检修中因安全开关损坏较为常见。安全开关实物如图 17-15 所示。更换安全开关后即可排除故障。

十七、夏普 ES –22F2T 型洗衣机不脱水

图文解说：此类故障应重点检测脱水电动机电路。检修时具体检测脱水电动机是否损坏，脱水定时器是否损坏。实际检修中因脱水电动机损坏较为常见。脱水电动机相关电路如图 17-16 所示。更换脱水电动机后即可排除故障。

图 17-15　安全开关实物

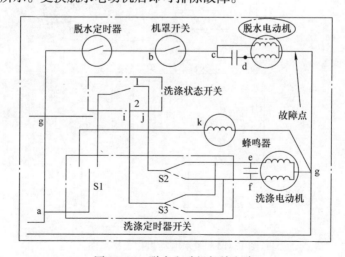

图 17-16　脱水电动机相关电路

十八、夏普 XPB36 -3S 型洗衣机不脱水

图文解说：此类故障应重点检测脱水电动机是否损坏，脱水定时器是否损坏，脱水电动机电容器是否不良。实际检修中因脱水电动机损坏较为常见。脱水电动机实物如图 17-17 所示。更换脱水电动机后即可排除故障。

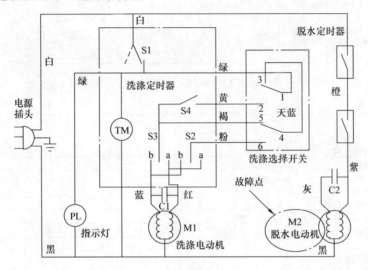

图 17-17　脱水电动机实物

十九、小天鹅 XQB40 -868FC 型洗衣机不脱水

图文解说：此类故障应重点检测安全开关。检修时具体检测安全开关触点是否严重腐蚀，脱水电动机是否不转。实际检修中因安全开关损坏较为常见。安全开关实物如图 17-18 所示。更换安全开关后即可排除故障。

二十、小天鹅 XQB60 -818B 型全自动洗衣机不脱水

图文解说：此类故障应重点检测内桶平衡检测电路。检修时具体检测安全开关是否接触不良，安全开关是否损坏，电阻器 R22 是否开路。实际检修中因 R22 开路

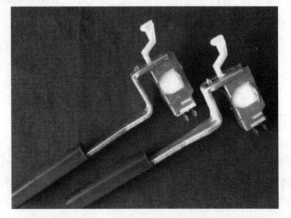

图 17-18　安全开关实物

较为常见。R22 相关电路如图 17-19 所示。更换 R22 后即可排除故障。

二十一、小天鹅 XQB60 -818B 型洗衣机不脱水

图文解说：此类故障应重点检测系统控制电路是否受外界干扰，单片机是否工作性能不良，电容器 C17 是否损坏，二极管 VD10 是否损坏。实际检修中因二极管 VD10 损坏较为常见。VD10 相关电路如图 17-20 所示。更换 VD10 后即可排除故障。

二十二、小天鹅 XQB68 -668G 型洗衣机不脱水

图文解说：此类故障应重点检测脱水电动机是否工作，安全开关是否损坏，电源电压是否正常。实际检修中因安全开关损坏较为常见。安全开关实物如图 17-21 所示。更换安全开

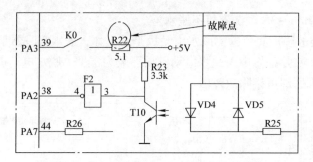

图 17-19　R22 相关电路

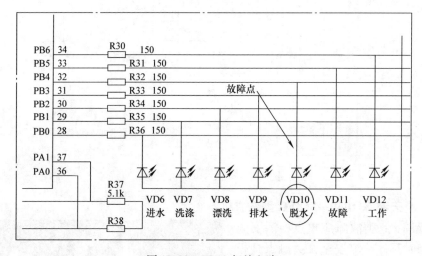

图 17-20　VD10 相关电路

关后即可排除故障。

二十三、小鸭 XQB60 – 815B 型全自动洗衣机不脱水

图文解说：此类故障应重点检测门盖开关 SA4 是否处于断开状态，反相器 D1 是否损坏，控制晶体管 VT14 是否损坏。实际检修中因控制晶体管 VT14 损坏较为常见。VT14 相关电路如图 17-22 所示。更换 VT14 后即可排除故障。

二十四、小鸭 XQG50 – 1091 型洗衣机不脱水

图文解说：此类故障应重点检测调速板是否损坏，调速器是否未打开，电容器 C2 是否损坏。实际检修中因电容器 C2 损坏较为常见。C2 相关电路如图 17-23 所示。更换 C2 后即可排除故障。

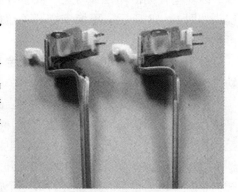

图 17-21　安全开关实物

二十五、小鸭 XQG50 – NMF8048 型洗衣机不脱水

图文解说：此类故障应重点检测脱水电动机是否不工作，脱水电动机电容器是否烧坏，门锁开关是否损坏。实际检修中因门锁开关损坏较为常见。门锁开关实物如图 17-24 所示。更换门锁开关后即可排除故障。

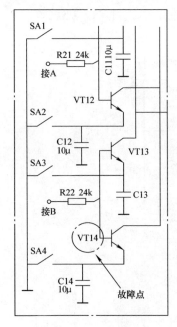

图 17-22 VT14 相关电路

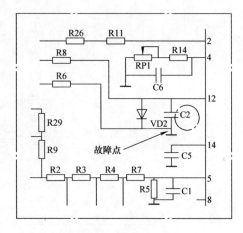

图 17-23 C2 相关电路

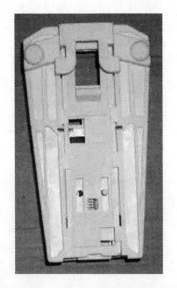

图 17-24 门锁开关实物

二十六、新乐 XPB70-8186S 双桶洗衣机能洗涤但不脱水

图文解说： 此类故障应重点检测脱水定时器是否损坏，微动开关是否损坏，脱水电动机是否有异常。实际检修中因脱水电动机损坏较为常见。脱水电动机相关接线图如图 17-25 所示。更换脱水电动机后即可排除故障。

二十七、新乐 XPB95-8192S 型洗衣机不脱水

图文解说： 此类故障应重点检测脱水电路。检修时具体检测脱水电动机是否损坏，脱水定时器是否损坏，脱水电动机起动电容器是否损坏。实际检修中因脱水电动机损坏较为常

见。脱水电动机相关接线图如图 17-26 所示。更换脱水电动机后即可排除故障。

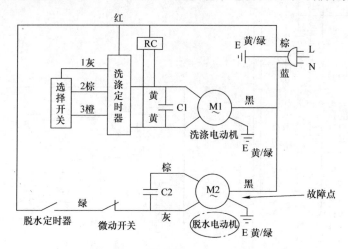

图 17-25　脱水电动机相关接线图

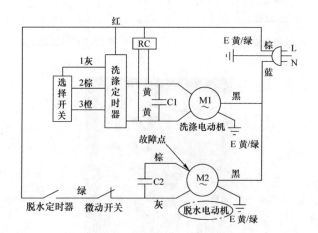

图 17-26　脱水电动机相关接线图

问诊 18 洗衣机其他检修专题

※Q1 洗衣机的检修方法有哪些?

洗衣机的检修方法一般包括询问法、操作法、确认法及联想法。

1. 询问法

维修时仔细询问有哪些不良状况,如进水、洗涤、排水、脱水等哪个过程出现故障。

2. 操作法

根据所了解到的情况而操作洗衣机,观察洗衣机的工作状态,检查故障现象是否重现,然后判定故障。

3. 确定法

经过操作判定故障部件,若是电器部件可通过以下方法进行确认:

(1) 带电确认

可把该部件单独接到电源上,检查其是否能工作。

(2) 非带电确认

用万用表测量该部件的电阻值是否正常。

4. 联想法

找到故障部件后,检查它是否对其他的部件造成损坏,或是否因其他部件的损坏造成该部件的损坏。例如:进水电磁阀损坏,是否造成电脑板的损坏;脱水电动机烧坏,是否是离合器损坏、制动损坏、传动带卡阻或脱水桶漏水等造成。

※Q2 洗衣机其他故障检修实例

一、LG T16SS5FDH 型洗衣机不能加热

图文解说:此类故障应重点检测加热电路。检修时具体检测加热电脑板是否损坏,加热传感器是否损坏。实际检修中因加热电脑板损坏较为常见。加热电脑板相关接线图如图18-1所示。更换加热电脑板后即可排除故障。

二、LG WD－A1222ED 型洗衣机不能加热

图文解说:此类故障应重点检测洗涤加热电路。检修时具体检测洗涤加热器是否损坏,熔丝是否烧坏。实际检修中因洗涤加热器损坏较为常见。洗涤加热器相关接线图如图 18-2所示。更换洗涤加热器后即可排除故障。

三、海尔 XPB50－CS 型洗衣机洗涤时波轮不能反转

图文解说:此类故障应重点检测洗涤定时器正、反转控制机构的弹簧片是否失弹性,洗涤定时器触点是否烧蚀,洗涤电容器是否有异常。实际检修中因洗涤定时器损坏较为常见。洗涤定时器相关电路如图 18-3 所示。更换洗涤定时器后即可排除故障。

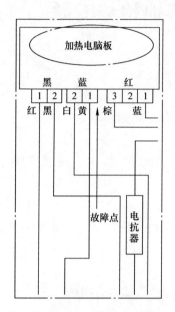

图 18-1 加热电脑板相关接线图

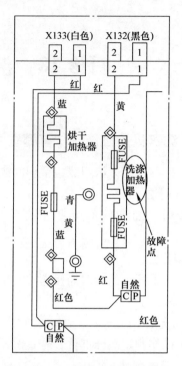

图 18-2 洗涤加热器相关接线图

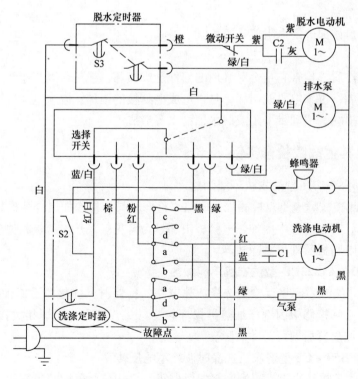

图 18-3 洗涤定时器相关电路

四、海尔 XQB50 – G0877 型洗衣机不能加热

图文解说：此类故障应重点检测加热电路。检修时具体检测 PTC 加热器是否损坏，限温器是否损坏。实际检修中因 PTC 加热器损坏较为常见。PTC 加热器相关接线图如图 18-4 所示。更换 PTC 加热器后即可排除故障。

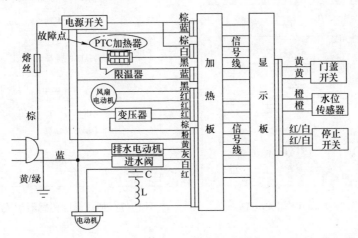

图 18-4　PTC 加热器相关接线图

五、海尔 XQG50 – BS808A 型全自动滚筒式洗衣机程控设置错乱

图文解说：此类故障应重点检测开关稳压电源电路。检修时具体检测 C13 两端电压是否正常，IC7 第 3 脚电压是否正常，滤波电容器 C30 是否损坏。实际检修中因 C30 损坏较为常见。C30 相关电路如图 18-5 所示。更换 C30 后即可排除故障。

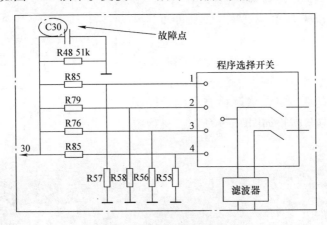

图 18-5　C30 相关电路

六、海尔 XQG50 – BS808A 型全自动滚筒式洗衣机蜂鸣器长响不停

图文解说：此类故障应重点检测 IC6 的第 13 脚输出的电压是否正常，Q19 是否损坏。实际检修中因 Q19 损坏较为常见。Q19 相关电路如图 18-6 所示。更换 Q19 后即可排除故障。

七、海尔 XQG60 – QHZ1068H 型洗衣机不能加热

图文解说：此类故障应重点检测加热电路。检修时具体检测加热温度传感器是否损坏，熔丝是否烧坏。实际检修中因加热温度传感器损坏较为常见。加热温度传感器相关接线图如

图 18-7 所示。更换加热温度传感器后即可排除故障。

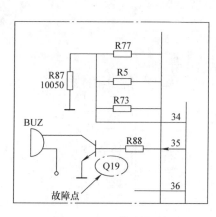

图 18-6 Q19 相关电路

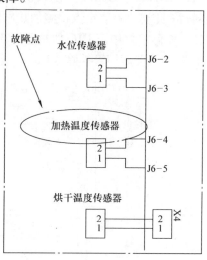

图 18-7 加热温度传感器相关接线图

八、海尔小神童 XQB45 – A 型洗衣机波轮单转

图文解说:此类故障应重点检测程序控制器的洗涤控制电路是否有故障。检修时具体检测 VS1、VS2 是否损坏,C80、C81 是否不良,C180、C181 是否损坏,R180、R181 是否不良,C71、C70 是否损坏。实际检修中因电容器 C71 不良较为常见。C71 相关电路如图 18-8 所示。更换 C71 后即可排除故障。

九、金羚 XQB30 – 5 型洗衣机边进水边排水

图文解说:此类故障应重点检测橡胶阀门是否变形,电脑板内部是否损坏。实际检修中因电脑板损坏较为常见。电脑板实物如图 18-9 所示。更换电脑板后即可排除故障。

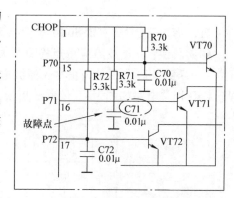

图 18-8 C71 相关电路

图 18-9 电脑板相关实物

十、日立 PAF – 615A 型洗衣机蜂鸣器不响

图文解说:此类故障应重点检测蜂鸣器是否损坏,程序控制器是否损坏。实际检修中因蜂鸣器损坏较为常见。蜂鸣器相关接线图如图 18-10 所示。更换蜂鸣器后即可排除故障。

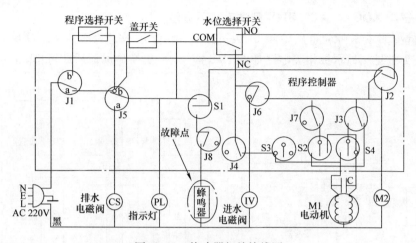

图 18-10　蜂鸣器相关接线图

十一、荣事达 XQB45 –950G 型洗衣机工作时电源开关跳闸

图文解说：此类故障应重点检测后盖检查波轮是否松弛，电容器是否爆裂，绕组线是否接反或接错。实际检修中因波轮松弛较为常见。波轮实物如图 18-11 所示。将波轮拧紧后即可排除故障。

十二、三洋 XQB55 –118 型洗衣机注水失控

图文解说：此类故障应重点检测水位传感器是否正常，集成电路 IC3 及外围元器件是否损坏，电容器 C106 是否击穿短路。实际检修中因 C106 损坏较为常见。C106 相关电路如图 18-12 所示。更换 C106 后即可排除故障。

十三、三洋 XQG62 –L703CS 型洗衣机不加热

图文解说：此类故障应重点检测水加热管是否损坏，熔断器是否熔断，继电器是否损坏。实际检修中因加热管损坏较为常见。加热管相关接线图如图 18-13 所示。更换加热管后即可排除故障。

图 18-11　波轮实物

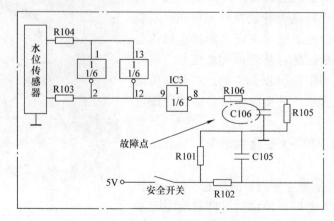

图 18-12　C106 相关电路图

十四、三洋 XQG72 –L802BHX 型洗衣机不显示

图文解说:此类故障应重点检测 LED 是否损坏,显示板是否有故障。实际检修中因显示板损坏较为常见。显示板相关电路如图 18-14 所示。更换显示板后即可排除故障。

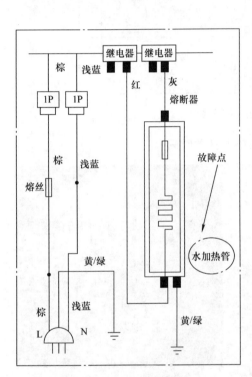

图 18-13 加热管相关接线图

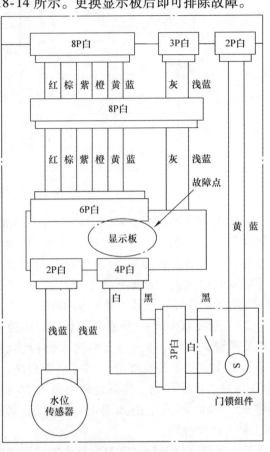

图 18-14 显示板相关电路

十五、松下 XQB75 –Q760U 型洗衣机波轮不转

图文解说:检修时重点检测传动系统。检修时具体检测电动机紧固螺钉是否拧紧及有无滑扣、断裂现象,离合器传动带是否松脱,离合器减速机构是否损坏,波轮孔和紧固螺钉是否滑扣或松脱。实际检修中因离合器传动带松脱较为常见。离合器传动带实物如图 18-15 所示。更换离合器传动带后即可排除故障。

十六、威力 XQB30 –1 型全自动洗衣机洗涤时波轮单向运转

图文解说:此类故障应重点检测微处理控制器控制电动机反向转动的电路。检修时具体检测电阻器 R25、R33 是否损坏,C12 是否不良,SCR2 是否损

图 18-15 离合器传动带实物

坏。实际检修中因 R33 损坏较为常见。更换电阻器 R33 后即可排除故障。

十七、威力 XQB30 – 1 型全自动洗衣机边进水边排水

图文解说：此类故障应重点检测排水控制驱动系统。检修时具体检测双向晶闸管 SCR4 的阴极与阳极是否短路。实际检修中因双向晶闸管 SCR4 损坏较为常见。更换 SCR4 后即可排除故障。

十八、威力 XQB46 – 4603 型全自动洗衣机在使用中突然停机，显示灯全亮

图文解说：此类故障应重点检测微处理器控制电路。检修时具体检测瓷片电容器 C12 是否击穿。实际检修中因电容器 C12 击穿较为常见。更换 C12 后即可排除故障。

十九、小天鹅 XQB30 – 8 型全自动洗衣机开机后发光二极管不亮，按键不起作用，蜂鸣器不响

图文解说：此类故障应重点检测电源及保护电路。检修时具体检测 V302、V303 是否损坏，R3 内部是否不良。实际检修中因 R3 不良较为常见。R3 相关电路如图 18-16 所示。更换 R3 后即可排除故障。

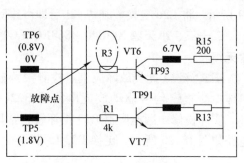

图 18-16　R3 相关电路

二十、小天鹅 XQB30 – 8 型洗衣机开始程序正常运行后发生混乱

图文解说：此类故障应重点检测控制电路。检修时具体检测晶体管 VT310、VT300 的集电极电位是否正常，双向晶闸管 VS3、VS4 是否完好。实际检修中因双向晶闸管 VS3 损坏较为常见。VS3 相关电路如图 18-17 所示。更换 VS3 后即可排除故障。

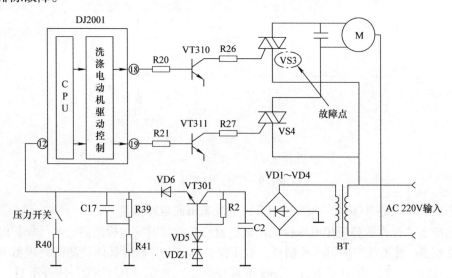

图 18-17　VS3 相关电路

二十一、小天鹅 XQB30 – 8 型洗衣机洗涤指示灯不亮

图文解说：此类故障应重点检测洗涤指示灯相关电路。检修时具体检测发光二极管

LED2、LED5 是否损坏，晶体管 BG6、BG7、BG8 是否损坏，电阻器 R5、R6、R7 是否不良。实际检修中因 R7 不良较为常见。R7 相关电路如图 18-18 所示。更换 R7 后即可排除故障。

二十二、小天鹅 XQB40－868FC（G）型洗衣机按键失灵

图文解说：此类故障应重点检测按键输入电路。检修时具体检测 Q1、Q2、Q3、Q4 是否损坏，二极管 D1、D2、D3、D4 是否损坏，电阻器 R3、R47 是否不良，电容器 C14、C26 是否不良。实际检修中因电容器 C26 击穿短路、R3 虚焊较为常见。C26、R3 相关电路如图 18-19 所示。将 C26 更换、补焊 R3 后即可排除故障。

二十三、小天鹅 XQB40－868FC（G）型洗衣机报警无声

图文解说：此类故障应重点检测报警电路。检修时具体检测报警信号驱动放大电路器 R22、R23 是否损坏。实际检修中因电阻器 R23 损坏较为常见。R23 相关电路如图 18-20 所示。更换 R23 后即可排除故障。

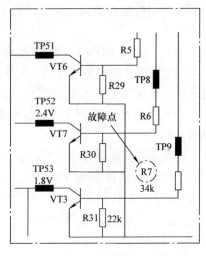

图 18-18　R7 相关电路

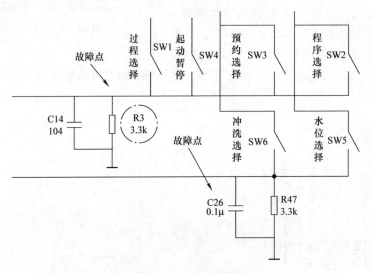

图 18-19　C26、R3 相关电路

二十四、小天鹅 XQB40－868FC（G）型洗衣机通电即报警

修前准备：此类故障应用电压检测法进行检修，检修时重点检测高、低压保护电路。

图文解说：此类故障应重点检测高、低压保护电路。检修时具体检测微处理器 IC1 的第 12 脚电压是否正常，电阻器 R35、R36 是否损坏，二极管 VD9、VD7 是否不良，电容器 C11、C22、C23 是否损坏。实际检修中因二极管 VD7 损坏较为常见。VD7 相关电路如图 18-21 所示。更换 VD7 后即可排除故障。

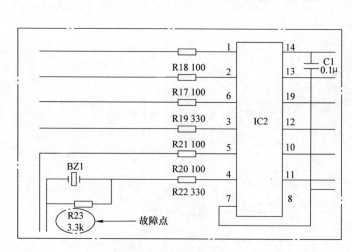

图 18-20　R23 相关电路

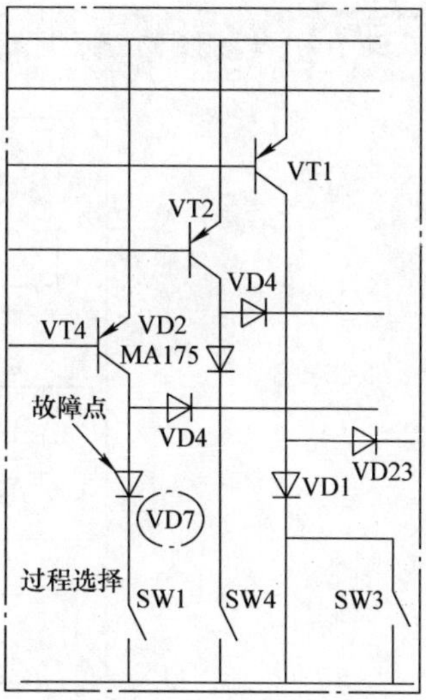

图 18-21　VD7 相关电路

二十五、小天鹅 XQB40 –868FG 型全自动洗衣机开机后立即报警

图文解说： 此类故障应重点检测高、低压保护电路。检修时具体检测市电 220V 是否正常，T1 是否损坏，C11、C22、C23 是否损坏，D7、D9 是否不良。实际检修中因 C23 漏电较为常见。C23 相关电路如图 18-22 所示。更换 C23 后即可排除故障。

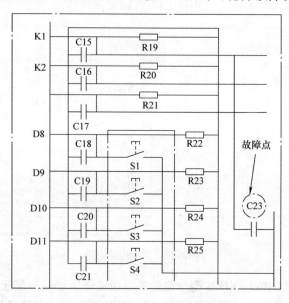

图 18-22　C23 相关电路

二十六、小天鹅 XQB40 –868FG 型全自动洗衣机洗衣时指示灯不亮，屏幕字符出现断位现象

图文解说： 此类故障应重点检测发光二极管和数码管是否有异常，电阻器 R5、R9 是否损坏。实际检修中因 R5、R9 电阻值偏大较为常见。R5、R9 相关电路如图 18-23 所示。更换 R5、R9 后即可排除故障。

※知识链接※ R5、R9 正常时阻值应为 150Ω。

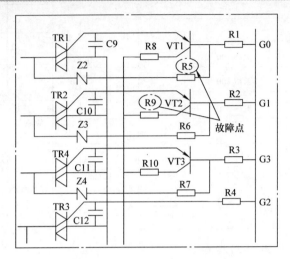

图 18-23 R5、R9 相关电路

二十七、小天鹅 XQB40-868FG 型全自动洗衣机一切按键失灵

图文解说: 此类故障应重点检测电阻器 R3、R47 是否损坏,电容器 C14、C26 是否损坏,D1、D2、D3、D4 是否损坏,Q1~Q4 是否不良。实际检修中因电容器 C14 不良较为常见。C14 相关电路如图 18-24 所示。更换 C14 后即可排除故障。

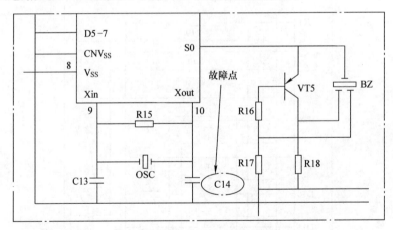

图 18-24 C14 相关电路

二十八、小天鹅 XQB60-818B 型全自动洗衣机洗涤电动机只能正转或反转,随后停机

图文解说: 此类故障应重点检测控制电路。检修时具体检测控制信号放大晶体管 T5、T6 是否损坏,双向晶闸管 TR1、TR2 是否击穿。实际检修中因 TR1 损坏较为常见。更换 TR1 后即可排除故障。

二十九、小鸭 XQB60-815B 型全自动洗衣机通电后不能进入程序,且无声音和显示

图文解说: 此类故障应重点检测 IC2 是否正常,晶体振荡器 JZ 是否损坏,电容器 C7、C8 是否正常。实际检修中因 C7、C8 损坏较为常见。更换 C7、C8 后即可排除故障。

三十、小鸭 XQG50－60711 型洗衣机运行过程中显示故障代码"E4"

图文解说：此类故障应重点检测进水电磁阀断电后是否能关闭，水位开关是否损坏，电脑控制板是否不良。实际检修中因水位开关损坏较为常见。水位开关实物如图 18-25 所示。更换水位开关后即可排除故障。

※**知识链接**※　故障代码"E4"表示进水过多。

图 18-25　水位开关实物

附　　录

附录 A　洗衣机通用芯片参考应用电路

一、AT80C51 单片机参考应用电路（见图 A-1）

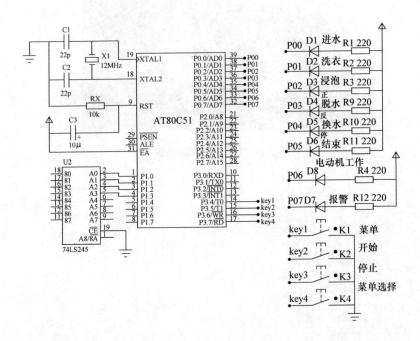

图 A-1　AT80C51 单片机参考应用电路

二、AT89C52 单片机典型参考应用电路（见图 A-2）

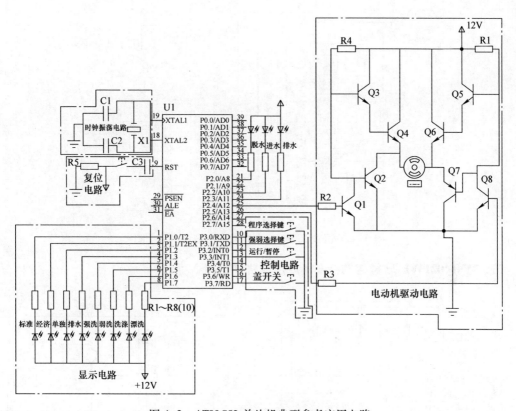

图 A-2　AT89C52 单片机典型参考应用电路

三、DM74164 移位寄存器典型参考应用电路（见图 A-3）

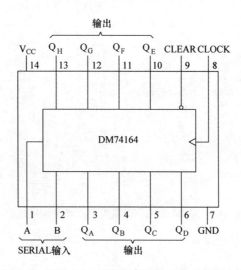

图 A-3　DM74164 移位寄存器典型参考应用电路

四、MC68HC05SR3 单片机参考应用电路框图（见图 A-4）

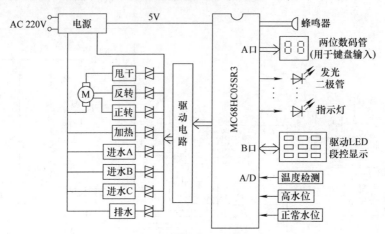

图 A-4   MC68HC05SR3 单片机参考应用电路框图

五、MN14021WFCS 微控制器参考应用电路（见图 A-5）

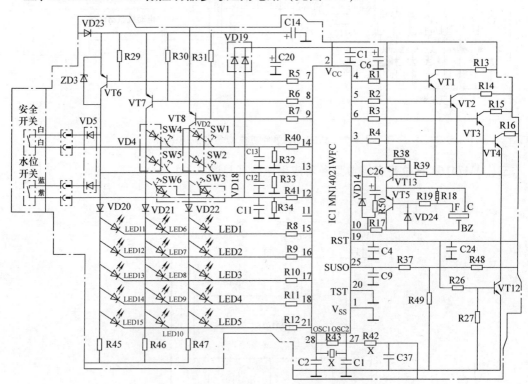

图 A-5   MN14021WFCS 微控制器参考应用电路

六、MN15828 微控制器参考应用电路（见图 A-6）

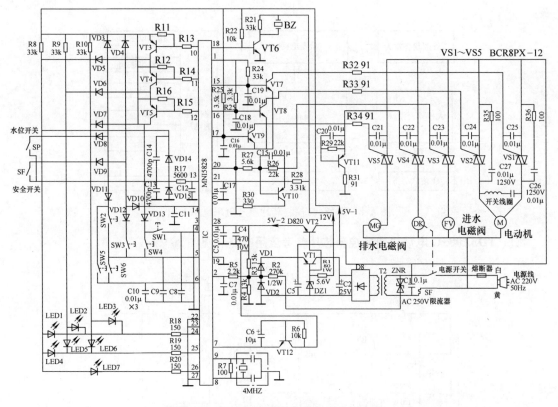

图 A-6　MN15828 微控制器参考应用电路

七、RSD940307 微电脑程序控制芯片参考应用电路（见图 A-7）

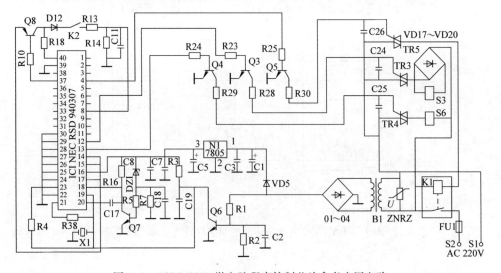

图 A-7　RSD940307 微电脑程序控制芯片参考应用电路

八、S3F84i9 控制芯片参考应用电路框图（见图 A-8）

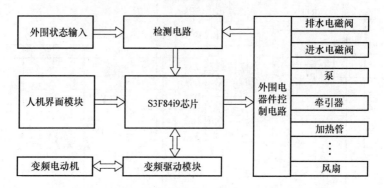

图 A-8　S3F84i9 控制芯片参考应用电路框图

九、TDA1085C 电动机速度控制芯片参考应用电路（见图 A-9）

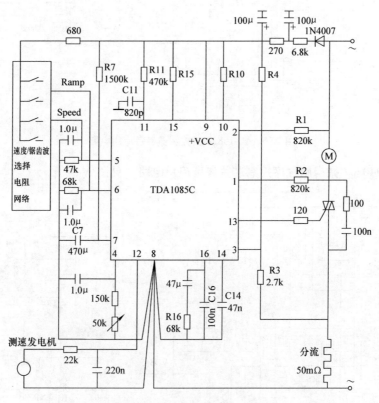

图 A-9　TDA1085C 电动机速度控制芯片典型参考应用电路

十、TNY264P、TNY264GN 开关电源控制芯片参考应用电路（见图 A-10）

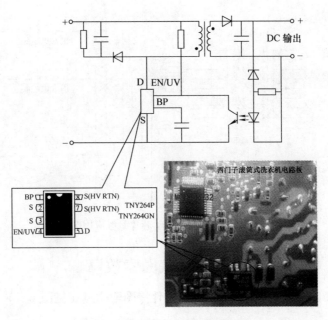

图 A-10　TNY264P、TNY264GN 开关电源控制芯片参考应用电路

十一、ULN2003 双向驱动器参考应用电路（见图 A-11）

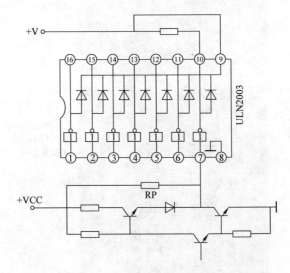

图 A-11　ULN2003 双向驱动器典型参考应用电路

十二、ULN2803 驱动芯片参考应用电路（见图 A-12）

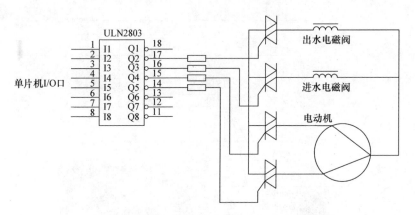

图 A-12　ULN2803 驱动芯片参考应用电路

附录 B　按图索故障

一、西门子 WM1065 型滚筒式洗衣机接插件按图索故障（见图 B-1）

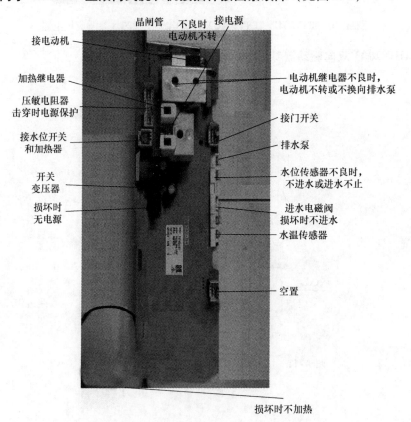

图 B-1　西门子 WM1065 型滚筒式洗衣机接插件按图索故障

二、西门子 WM1065 型滚筒式洗衣机电脑板按图索故障（见图 B-2）

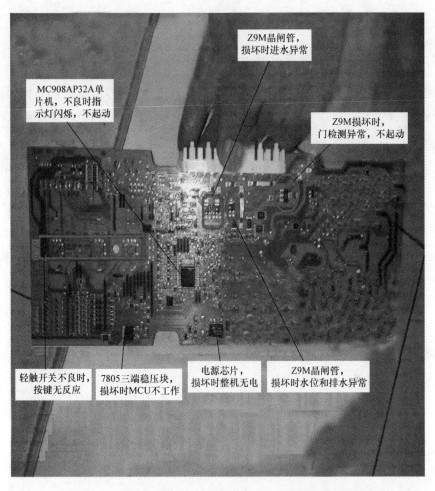

图 B-2　西门子 WM1065 型滚筒式洗衣机电脑板按图索故障